中等职业学校规划教材

化学分析实训教程

张春艳　主　编

马彦峰　副主编

付云红　主　审

HUAXUE
FENXI
SHIXUN
JIAOCHENG

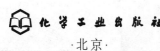

化学工业出版社

·北京·

本教材由化学分析基础实训、化学分析应用实训和化学分析综合实训三部分组成。教材编写以满足岗位职业能力需求为原则，突出技能学习和训练，同时又将专业知识有机结合在实训中。它是将无机化学、分析化学和有机分析等基本实训内容优化组合而成的一门实训课程教材，既强化培养学生的基本知识和基本操作技能，又注重培养学生的化学实践能力、技能应用能力和创新能力。

　　该教材适合职业学校化工、石油、医药、食品、冶金、轻工、建材、纺织、农林、环保等相关专业使用，也可供化验、质检等技术人员和其他相关人员使用和参考。

图书在版编目（CIP）数据

化学分析实训教程/张春艳主编 . —北京：化学工业出版社，2015.6
中等职业学校规划教材
ISBN 978-7-122-23846-7

Ⅰ.①化… Ⅱ.①张… Ⅲ.①化学分析-中等专业学校-教材 Ⅳ.①O65

中国版本图书馆 CIP 数据核字（2015）第 090864 号

责任编辑：陈有华　刘心怡　　　　　　　　装帧设计：史利平
责任校对：边　涛

出版发行：化学工业出版社（北京市东城区青年湖南街 13 号　邮政编码 100011）
印　　刷：北京永鑫印刷有限责任公司
装　　订：三河市宇新装订厂
787mm×1092mm　1/16　印张 10¼　字数 238 千字　　2015 年 7 月北京第 1 版第 1 次印刷

购书咨询：010-64518888（传真：010-64519686）　　售后服务：010-64518899
网　　址：http://www.cip.com.cn
凡购买本书，如有缺损质量问题，本社销售中心负责调换。

定　　价：27.00 元

前言
FOREWORD

在国家改革发展示范校建设过程中，学校推行了"理实合一·工学结合"人才培养模式，完善了基于岗位职业活动的工业分析与检验专业"就业导向型"课程体系，针对校企合作开发专业核心课程的技能实训，编写了这本集实训指导与技能训练为一体的《化学分析实训教程》教材。

该书编写依据工业分析与检验专业职业能力标准，以满足岗位职业能力需求为原则，突出技能学习和训练，同时又将专业知识有机结合在实训中。《化学分析实训教程》是将无机化学、分析化学、有机分析和食品分析等基本实训内容优化组合而成的一门综合实训课程教材，既强化培养学生的基本知识和基本操作技能，又注重培养学生的化学实践能力、技能应用能力和创新能力。主要内容包括化学分析基础实训、化学分析应用实训和化学分析综合实训。本教材适用于职业学校工业分析与检验、药物分析等专业使用，也可供化验、质检等技术人员参考。

本教材的编写，旨在更好地适应现阶段的学生水平，在满足社会、企业对学生的基本要求的基础上，强化实训技能的训练，对实训原理只做简单的了解，强化了实用性部分。本教材在编写中力求体现以下特点。

1. 难度适中。降低理论难度，强化技能实训内容，争取做到简单、易学。

2. 力求实用。标准溶液的配制与标定、物质含量的测定以及对结果的精密度和准确度的要求，均与国家标准相统一。

3. 便于教学。本教材着力体现教师可组织、学生可操作的特点，注重实用性、新颖性，尽可能多地选择生活中常见的物质进行测定。涉及化工、食品、医药等领域，紧密贴合工业分析与检验专业随堂实验及综合实训，为实训课提供专业实训教材。

4. 综合性强。将无机化学、分析化学、有机分析、食品分析实验技能及相关理论知识优化综合成一门综合实训专业课。

本教材由本溪市化学工业学校张春艳主编，沈阳市化工学校马彦峰任副主编，本溪市化学工业学校付云红主审。全书共由三章组成。绪论、第三章和附录由张春艳编写；第一章第一节和第一章第二节实训1～实训6由柳玥雯、马彦峰编写；第一章第三节由季占宝编写；第二章第一节由许慧编写；第一章第二节实训7～实训10和第二章第二节由吕雪编写；第二章第三节由刘园园编写。全书由张春艳、马彦峰负责统稿。本教材在编写过程中，得到了本钢氧气厂姜玉芬高级工程师和本钢钢研所王丽明工程师的全程指导，使本教材更能贴合生产实际，在此对为本书编写提供帮助的朋友们深表感谢。

限于笔者的水平和时间仓促，书中难免有疏漏和不妥之处，衷心希望同行和读者批评、指正。

编者

2015 年 3 月

目录
CONTENTS

◎ 绪论 1

    一、化学分析实训的性质、任务和作用 ·················· 1

    二、化学分析实训的基本内容和要求 ··················· 1

    三、化学分析实训的学习方法 ··························· 2

◎ 第一章　化学分析基础实训项目 3

    第一节　无机化学基础实训项目 ························· 3

      实训 1　玻璃仪器的洗涤 ···························· 3

      实训 2　试剂的取用方法 ···························· 6

      实训 3　溶解与搅拌 ·································· 10

      实训 4　酸式滴定管的使用 ························· 11

      实训 5　碱式滴定管的使用 ························· 16

      实训 6　容量瓶的使用 ······························ 18

      实训 7　移液管的使用 ······························ 20

      实训 8　溶液的配制 ·································· 22

      实训 9　常压过滤 ···································· 24

      实训 10　减压过滤 ··································· 26

    第二节　分析化学基础实训项目 ························· 28

      实训 1　分析天平的使用 ···························· 28

      实训 2　滴定分析仪器基本操作 ····················· 31

      实训 3　滴定终点练习 ······························ 32

      实训 4　盐酸标准溶液的配制及标定 ················· 34

      实训 5　氢氧化钠标准溶液的配制及标定 ············· 36

      实训 6　EDTA 标准溶液的配制及标定 ··············· 39

      实训 7　高锰酸钾标准溶液的配制及标定 ············· 41

      实训 8　硫代硫酸钠标准溶液的配制及标定 ··········· 45

实训 9　碘标准溶液的配制及标定 ·············· 48

实训 10　硝酸银标准溶液的配制及标定 ············· 50

第三节　有机分析基础实训项目 ··············· 51

实训 1　初步检验 ······················ 51

实训 2　熔点的测定 ····················· 53

实训 3　沸点的测定 ····················· 56

实训 4　密度的测定（密度瓶法） ············· 59

实训 5　密度的测定（韦氏天平法） ············ 60

实训 6　折射率的测定 ···················· 63

实训 7　比旋光度的测定 ·················· 66

实训 8　元素定性分析 ··················· 69

实训 9　溶度试验 ····················· 71

实训 10　官能团的检验 ·················· 73

◎ 第二章　　化学分析应用实训项目　　75

第一节　分析化学应用实训项目 ·············· 75

实训 1　滴定分析仪器的校准 ··············· 75

实训 2　混合碱的分析 ··················· 78

实训 3　铵盐纯度的测定 ·················· 81

实训 4　工业醋酸含量的测定 ··············· 83

实训 5　水中硬度的测定 ·················· 87

实训 6　铝盐中铝含量的测定 ··············· 89

实训 7　铅、铋混合液中 Pb^{2+} 和 Bi^{3+} 含量的连续测定 ······ 91

实训 8　过氧化氢含量的测定 ··············· 93

实训 9　胆矾中 $CuSO_4 \cdot 5H_2O$ 含量的测定 ········ 96

实训 10　水中氯含量的测定 ··············· 98

实训 11　氯化钡中结晶水含量的测定 ··········· 100

第二节　有机分析应用实训项目 ·············· 102

实训 1　溴代法测定苯酚含量 ··············· 102

实训 2　重氮化法测定磺胺类药物含量 ·········· 104

实训 3　韦氏法测定油脂碘值 ··············· 106

实训 4　亚硫酸钠法测定甲醛含量 ············ 108

实训 5　高碘酸氧化法测定丙三醇含量 ·········· 110

第三节　食品分析应用实训项目 ·············· 111

实训 1　果蔬中总酸度的测定 ··············· 111

实训 2　蛋壳中碳酸钙含量的测定 ············ 114

实训 3　饼干中 Na_2CO_3、$NaHCO_3$ 含量的测定 ·················· 115

实训 4　牛乳中钙含量的测定 ························· 118

实训 5　植物油过氧化值的测定 ······················· 120

实训 6　食盐中含碘量的测定 ························· 122

实训 7　酱油中 NaCl 含量的测定（福尔哈德法）·········· 124

实训 8　罐头食品中 NaCl 含量的测定（法扬司法）········· 125

实训 9　面粉中灰分含量的测定 ······················· 127

实训 10　茶叶中水分含量的测定 ····················· 129

◎ 第三章　化学分析综合实训项目　131

第一节　化学分析综合实训的目的和要求 ············· 131

一、化学分析综合实训的目的 ····················· 131

二、化学分析综合实训的要求 ····················· 131

三、化学分析综合实训分析方法的选择与比较 ········ 132

第二节　化学分析综合实训的内容 ··················· 132

实训 1　氧化钙含量的测定 ························· 132

实训 2　氯化钙的分析 ····························· 136

实训 3　未知物的系统鉴定 ························· 142

实训 4　食用植物油脂品质检验 ···················· 145

◎ 附录　149

附录一　常用酸碱溶液的密度和浓度 ················· 149

附录二　常用基准物质的干燥条件及应用 ············· 149

附录三　常用缓冲溶液 ····························· 150

附录四　几种常用的酸碱指示剂 ····················· 151

附录五　常用的混合指示剂 ························· 151

附录六　常见化合物的相对分子质量 ················· 152

附录七　气压计读数的校正值 ····················· 154

附录八　重力校正值 ······························· 155

附录九　沸程温度随气压变化的校正值 ··············· 156

◎ 参考文献　157

绪 论

一、化学分析实训的性质、任务和作用

化学分析实训是工业分析与检验专业的一门重要专业核心课程，具有很强的实践性和应用性。化学分析实训也是化工类专业重要的必修基础课程。依据与国际接轨的工业分析与检验专业职业能力标准要求，该课程注重贯彻"基础理论教学要以应用为目的，以'必需、够用'为度，以掌握概念、强化应用、培养技能为教学重点"的原则，突出职业能力、应用能力和综合素质的培养，反映职业教育的特色。

本门课程的任务是学习化学分析实训项目，通过学习和训练，养成良好的实验习惯和实事求是的科学态度，形成良好的实验室工作作风，使学生的科学思维方式以及分析问题、解决问题的能力和职业素质得到提高，最终能运用化学分析的基本理论和操作技术独立完成产品的部分分析或全分析任务。

该课程强化培养学生的基本知识和基本操作技能，又注重培养学生的化学实践能力、化学技能应用能力和创新能力。通过系统的理论和实践技能训练，促进学生对产品的采集与取样、分析方案的制订、实际样品的分析与检测、分析检验结果的报告和实验操作技术等各项技能的掌握，为培养学生的实际动手能力和拓宽就业渠道并与企业接轨奠定良好的基础。

二、化学分析实训的基本内容和要求

化学分析实训教材介绍了化学分析基础实训项目（无机化学基础实训项目；分析化学基础实训项目；有机分析基础实训项目）、化学分析应用实训项目（分析化学应用实训项目；有机分析应用实训项目；食品分析应用实训项目）和化学分析综合实训项目。

教材中的化学分析基础实训项目，旨在使学生将理论与实际紧密结合，准确熟练掌握化学分析基本操作技能；化学分析应用实训项目，旨在使学生能够运用学过的化学分析知识和操作技能解决生产生活中的实际问题，提高知识的运用能力和分析问题、解决问题的能力，培养学生具有科学的实验态度和严谨的科学作风；化学分析综合实训项目，旨在使同学们所学的基本理论知识和基本技能得到全面的运用和训练，能独立完成产品检验的任务，培养学生扎实的实验操作能力和动手能力。

三、化学分析实训的学习方法

化学分析综合实训是专业人才培养过程中重要的实践性教学环节，该课程主要以操作技能为核心，为了通过训练达到熟练掌握基本操作技术，并能完成实际产品分析任务的目的，对学习本门课程提出以下要求。

课前做好实训预习，联系已学知识和技能，明确学习的重点及难点；课上认真学习老师示范的操作要点，注意操作的规范性及实验安全，认真记录每一原始数据，通过多次练习熟练掌握实训相关理论知识和操作技能；实验结束后，完成实验台的清洁工作，认真进行数据处理，做好实验报告，思考总结实训过程中存在的问题，不断提升自己的技能水平。

第一章　化学分析基础实训项目

化学分析基础实训包括无机化学基础实训、分析化学基础实训和有机分析基础实训。通过基础实训项目的操作，要求学生熟悉化学实验的一般知识，熟练掌握化学基本操作技能，培养学生实验动手能力。

第一节　无机化学基础实训项目

实训 1　玻璃仪器的洗涤

一、实训目标

1. 学习无机化学实验室规则和安全知识，熟悉实验程序和要求；

2. 认识并正确认领无机化学实验常用仪器，正确掌握其名称、规格、用途，了解其使用注意事项；

3. 了解实验室常用的洗涤剂及使用方法；

4. 学习并熟练掌握实验常用玻璃仪器的洗涤和干燥方法。

二、仪器与试剂

1. 仪器
普通试管、量筒、烧杯、烧瓶、锥形瓶、毛刷、洗瓶。

2. 试剂
洗涤液。

三、实训步骤

1. 认领并检查仪器
根据实验室提供的实训仪器清单认领仪器并检查仪器的完好性。

2. 玻璃仪器的洗涤

（1）用水刷洗　按照下列步骤依次洗涤一个普通试管、一个量筒、一个烧杯、一个锥形瓶。洗涤时先外后内。在试管、量筒、烧杯、锥形瓶中，加入约仪器容积 1/3 的自来水，振荡仪器片刻，再转动仪器，使水淋洗整个容器壁而流出，重复洗涤 2~3 次。如仪器内壁表面附有灰尘、杂质或可溶性物质时，根据待洗涤仪器的形状和口径大小选择适合的毛刷刷洗，如试管刷、烧杯刷等。用自来水冲洗 2~3 次后再用蒸馏水冲洗 2~3 次，检查仪器是否洗涤干净，加入少量蒸馏水在玻璃仪器中，振动几次后倒出，倒置仪器，如仪器内壁均匀的被水润湿且透明不挂水珠，而是附着一层均匀水膜即是仪器洗净的标准。

（2）用洗涤液刷洗　仪器内壁附有油污等物时，用水刷洗不能去除污物，必须用洗涤液（肥皂液、洗衣粉水、合成洗涤液、去污粉）刷洗。先用自来水润湿仪器内壁后，用适合所洗涤仪器的毛刷蘸取少量洗涤液刷洗，再用自来水冲洗至仪器内外壁无洗涤液为止，最后用少量蒸馏水冲洗仪器 2~3 次。检查仪器是否洗净至仪器倒置时均匀的水膜顺器壁流下且透明不挂水珠。

（3）洗涤液浸泡　选择一个带有重油污的烧瓶，用自来水冲洗后，加入适量的铬酸洗液浸泡 5~10min，浸泡后将铬酸洗液倒回至原液瓶中，再用自来水冲洗干净，最后用少量蒸馏水冲洗烧瓶 2~3 次，检查仪器是否洗净至仪器倒置时均匀的水膜顺器壁流下且透明不挂水珠。

3. 玻璃仪器的干燥

（1）晾干　将用纯水洗净的玻璃仪器倒置在无尘的沥水木架上控去水分或放置在带有透气口的玻璃柜中自然干燥。此干燥方法最为简便。

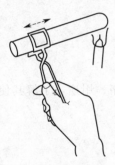

图 1-1　烤干操作

（2）烤干　利用加热的方法使仪器中残留的水分迅速蒸发，从而使仪器干燥。此方法适用于可加热或耐高温的仪器如试管、烧杯等。加热前擦干仪器外壁，小火烤干，用试管夹夹住试管，保持试管口向下略低于试管底部的方式在火焰上移动，从底部开始加热，同时要不断移动使其受热均匀，直至不见水珠后再将管口向上赶尽气泡。烤干操作如图 1-1 所示。

（3）烘干　烘干法常用的设备是电烘箱（又称电热鼓风干燥箱）或远红外干燥箱。将洗净控去水分的玻璃仪器放置于洁净的烘箱中，烘箱温度为 105~120℃，恒温烘烤时间为 1h 左右即可。烘干的玻璃仪器取出后放置在空气中自然冷却，称量用的称量瓶等精密称量仪器在烘干后应立即放在干燥器中冷却保存。烘干法不得烘干任何量器，以免引起容积变化。此法即快速又节省时间，是最常用的方法。

（4）吹干　使用电吹风机对急需干燥又不便于烘干的玻璃仪器快速吹干，它常与有机溶剂法并用。一般先用热风吹，然后再用冷风吹。各种比色管、离心管、锥形瓶、试管、量筒、烧杯、比重瓶、吸管等均可用此法快速吹干。如果玻璃仪器中带有较多水，可先用少量乙醇、丙酮或乙醚倒入仪器中润洗，将溶剂流净，后用电吹风机加快吹干。需要用到溶剂时，要求通风良好，以防止中毒，远离并避免接触明火。近年来，气流烘干器以非常方便的优点普遍用于实验室中玻璃仪器的干燥。

4. 整理实验台

将仪器按照要求清洗干净并整齐地摆放到指定的位置，将实验台面擦拭干净。

四、注意事项

1. 用毛刷刷洗仪器时，应根据仪器的口径大小来选择合适的毛刷，过大、过小都不合适；刷洗仪器时用力不宜过猛，以防止捅破仪器底部而扎伤皮肤。

2. 使用洗液洗涤仪器时，仪器中的水尽可能控净，以免稀释洗液而失效，贮存洗液要密封，以防止其失效。

3. 去污粉洗涤仪器时会磨损玻璃，所含有的钙类物质会附着于器壁上不易冲洗掉，所以去污粉最好用于洗涤仪器外壁而不用于内壁的洗涤，特别是对精密量具的影响较大，严禁用于精密量具的洗涤。

4. 铬酸洗液具有较强的腐蚀作用并有较大的毒性，使用时应注意格外小心仔细，以免造成飞溅，损伤皮肤。

5. 仪器在洗涤干净后，决不能用布或纸擦拭，否则器壁沾上纤维反而被污染。

6. 烘箱中不允许放入易燃、易爆、易挥发、有腐蚀性的物质，以防止引发爆炸或火灾等安全事故。

7. 烘箱中不得放入其他杂物，特别是不得将饮食放入烘箱中加热或烘烤食物，保持烘箱的洁净。

8. 在烘箱的最下层放置一搪瓷盘用以承接仪器中滴落的水滴，以防水滴到电热丝上。仪器尽可能控净水，口朝下，按自上而下的顺序摆放到烘箱中。烘箱在升温阶段，为防止温度过高导致水银温度计炸裂，需指定专人看管。

五、思考题

1. 如何判断玻璃仪器是否清洗干净？

2. 一位同学取来一支被油污沾污的锥形瓶，直接用自来水冲洗后用于实验中，在此过程中有哪些错误操作？请说出正确的操作过程？

3. 用铬酸洗液浸泡试管后将铬酸洗液直接倒入水槽中，此操作方法是否正确，应如何处理试管中的铬酸洗液？

相关知识链接

铬酸洗液［又称重铬酸钾-浓硫酸洗涤液，简称洗液］具有强酸性和强氧化性，可去除器壁残留油污，对于大多数无机物和有机物都具有很强的去污能力，对玻璃仪器的侵蚀性小，广泛用于玻璃仪器的洗涤。

其配制方法如下：称取 10g 研细的重铬酸钾粉末置于烧杯中，加蒸馏水 20mL，加热尽量使其溶解，冷却后，慢慢注入浓 H_2SO_4 180mL，随加随搅拌，配制好的洗液呈深褐色，冷却后贮于具玻塞的细颈试剂瓶中备用。

用此种洗液洗涤时，应先将仪器用自来水和毛刷洗刷，倾尽水，以免洗液稀释后降低洗液的效率，后用少量洗液刷洗或浸泡。洗涤完毕，洗液应倒回原瓶，以备下次再用。洗液可重复使用，当洗液变为绿色即为失效，可用 $KMnO_4$ 再生。

 阅读材料

玻璃的发明

　　玻璃制造技术是古老文明的巴比伦和埃及发明的。在埃及和巴比伦几千年前的墓葬中和干尸上发现了许多玻璃器物。不过，古代玻璃几乎全部带色，也不很透明。为什么古埃及和巴比伦能够最先发明制造玻璃的技术呢？这是因为在古埃及和巴比伦的一些湖岸上，存在着天然碱（碳酸钠），在制陶中，人们可能无意识地将天然碱和沙石混合高温加热，结果发现它们熔融冷却后，竟变为一种美丽透明而有用的东西。约在公元前200年，玻璃吹管首先在巴比伦使用，后为罗马人采用。罗马人和埃及人技艺非凡，他们以金属氧化物为颜料，熔制成各种彩色玻璃。罗马一世时制成的著名玻璃浮雕制品——波特兰瓶，即此类玻璃制品中的杰作。

　　20世纪以来，玻璃工业成为现代工业的重要方面。20世纪初期，生产的玻璃主要是钠钙玻璃，一般常用作窗玻璃，冷热不均时易破裂，故不适合制作化学仪器，更不宜制作镜片。1915年，美国科学玻璃公司制造出硼玻璃，其热膨胀系数远较钠钙玻璃小，即使加热至200℃，然后立即浸入20℃水中，也不会破裂，因而很快成为一种重要的化学用玻璃。20世纪60年代研制出了低折射率的氟磷酸盐玻璃，70年代又研制出了高折射率的氧化锗和氧化玻璃。这些新型光学玻璃的研制都适用了发展新兴技术的需要。在揭示出了有色玻璃滤色机理后，还研制出了对不可见光起着光筛作用的玻璃。而变色玻璃是根据光色互变原理制造出来的，能随光的强弱而产生深浅不同的颜色以保护眼睛。

　　玻璃纤维是20世纪30年代问世的新产品。玻璃纤维能耐高温，又不怕腐蚀，还有绝缘和隔热等性能，美国"阿波罗"号飞船宇航员穿的宇航服，就是玻璃纤维和其他材料复合制成的。

▶▶ 实训2　试剂的取用方法

一、实训目标

1. 了解化学试剂的分类及实验中所用化学试剂的名称、规格；
2. 不同性状的化学试剂其取用方法不同，掌握化学试剂的取用方法及取用注意事项。

二、仪器与试剂

1. 仪器
普通试管、量筒、烧杯、玻璃棒、滴瓶、药匙、镊子。

2. 试剂

锌粒、氯化钠、氯化钠水溶液。

三、实训步骤

1. 检查仪器

根据实验室提供的实训仪器表清点仪器与试剂，并检查仪器的完好性。检查仪器是否洁净，清洗仪器并干燥。

2. 固体试剂的取用

（1）固体粉末状试剂的取用 固体试剂通常盛放在广口瓶中，核对试剂标签后取下瓶塞倒置在桌面上，左手持瓶稍倾斜，右手持洁净、干燥的药匙伸入到广口瓶中取出指定的药量（取较多的试剂时用大匙，取较少的试剂或要加入到小口径的试管时用药匙另一端的小匙），也可将试剂放到对折的纸条上。取完试剂后立即盖好瓶塞并放回原处，标签朝外。取一支洁净干燥的试管，将药匙或放有试剂的纸条平行地伸入平放的试管中约 2/3 处（见图 1-2），再将试管缓缓竖直，使试剂倾入管底。取回药匙并洗净擦干以备下次使用。

图 1-2 向试管中加入粉末状固体试剂

（2）固体块状试剂的取用 核对试剂标签后取下瓶塞倒置在桌面上，左手持瓶稍倾斜，右手持镊子伸入瓶中镊取锌粒，取完锌粒后立即盖好瓶塞并放回原处，标签朝外。取一支干燥的试管，将试管倾斜，镊取锌粒到试管口处，使其沿试管壁缓慢滑入试管底部（见图 1-3）。

图 1-3 向试管中加入块状固体

3. 液体试剂的取用

（1）用倾注法从细口瓶中取用液体试剂

① 从细口瓶中取用液体试剂到试管中。核对试剂标签后取下瓶塞倒置在桌面上或用食指与中指夹住瓶塞，手心朝向贴有标签的一侧握持，使瓶身缓缓倾斜，取一支洁净的试管，瓶口紧靠试管口，让试剂沿试管内壁徐徐流入试管内至所需量，将瓶口在试管口处稍稍靠一下后再逐渐竖直起瓶身，使瓶口处残留的试剂全部回流，盖好瓶塞，标签朝外，放回原处

［见图1-4(a)］。

② 从细口瓶中取用液体试剂到烧杯中。核对试剂标签后取下瓶塞倒置在桌面上或用食指与中指夹住瓶塞，手心朝向贴有标签的一侧握持，使瓶身缓缓倾斜，将一根干净玻璃棒的下端紧贴于烧杯内壁［见图1-4(b)］，瓶口紧靠玻璃棒，让试剂沿玻璃棒徐徐流入烧杯内至所需量，将瓶口在玻璃棒上稍稍靠一下后再逐渐竖直起瓶身［见图1-4(c)、图1-4(d)］，拿开玻璃棒，使瓶口处残留的试剂全部回流，盖好瓶塞，标签朝外，放回原处，随即清洗玻璃棒。

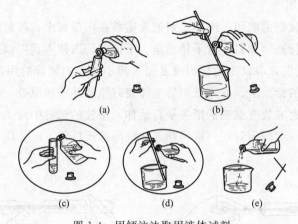

图 1-4　用倾注法取用液体试剂

(a) 将液体试剂倾入试管中；(b) 将液体试剂倾入烧杯中；

(c), (d) 将瓶口在试管口或玻璃棒上靠一下；(e) 错误操作

③ 用量筒（杯）从细口瓶中定量量取液体试剂。核对试剂标签后取下瓶塞倒置在桌面上或用食指与中指夹住瓶塞，左手拿住量筒，右手持瓶，并注意瓶上的标签对着手心，瓶口紧靠筒口边缘，慢慢注入液体到所需要的刻度［见图1-5(a)］，视线应与量筒内液体试剂的凹液面最低点在同一水平面上［见图1-5(b)］，读出刻度，即得液体的体积。如不慎倒出了过多的液体，应弃去，不得倒回原瓶。量取所需试剂后，瓶塞塞好，放回原处，标签朝外。

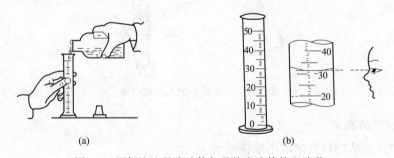

图 1-5　用倾注法量取液体与量筒内液体体积读数

（2）从滴瓶中取用液体试剂　取一支盛装有少量溶液的试管备用，核对滴瓶标签后用手指虚按滴瓶胶帽，向上提起滴管至离开液面后轻轻挤压胶帽赶出滴管中空气后，随即插入试液中，放松手指吸入试剂，切不可在滴瓶液面下驱赶空气，再向上提起滴管并垂直移至试管

口上方，逐滴滴加试剂（见图 1-6），不可将滴管伸入到试管中，滴加到所需量后，再将滴管垂直移回滴瓶上方，挤回用毕剩余的试剂后将滴管插回滴瓶中，随即将滴瓶放回原位。

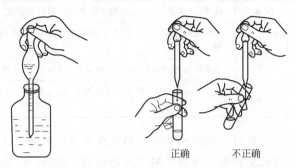

正确　不正确

图 1-6　滴瓶取溶液并用滴管将试剂加入试管中

4. 整理实验台

将仪器按照要求清洗干净并整齐地摆放到指定的位置，将实验台面擦拭干净。

四、注意事项

1. 取用试剂时，如取出的试剂超出指定的量，多取的试剂应倒入指定容器中，不能倒回原瓶，且任何化学试剂均不能直接用手取用。

2. 取用固体粉末状试剂时，如固体试剂颗粒较大，应先放到洁净干燥的研钵中研磨后再取用。

3. 取用固体块状试剂时，不得将固体块状试剂垂直悬空投入到试管中，以免撞破试管底部。

4. 滴管从滴瓶中取出后且不能横置或倒置，以防滴管中试剂流入到胶帽中腐蚀胶帽并沾污试剂。

5. 滴管使用后应立即放回原滴瓶中，不可与其他滴瓶随意调换、乱放，只能配套使用，以免沾污或拿错。

6. 用量筒量取具有浸润玻璃的不透明有色溶液时，读取的刻度值应为溶液凹液面的上部。

五、思考题

1. 一位学生取来细口瓶后直接向烧杯中倾倒试剂，发现取出的试剂量过多后将烧杯中的少量试剂又倒回了细口瓶中，在整个操作过程中有哪些操作是错误的，并说明正确的操作过程？

2. 从滴瓶中取用液体试剂时要注意哪些事项？

相关知识链接

化学实验室的分析测定工作经常要使用化学试剂，化学试剂的种类繁多，根据化学试剂的纯度，按杂质含量的多少，国内将化学试剂分为四级（见表 1-1）。

表 1-1　化学试剂的纯度级别及适用范围

等级	纯度	标签颜色	英文符号	适用范围
一级	优级纯	绿色	G. R.	纯度高,杂质极少,主要用于精密分析和科学研究
二级	分析纯	红色	A. R.	纯度略低于优级纯,杂质含量略高于优级纯,适用于重要分析和一般性研究工作
三级	化学纯	蓝色	C. P.	纯度较分析纯差,但高于实验试剂,适用于工厂、学校一般性的分析工作
四级	工业试剂	棕色	L. R.	纯度比化学纯差,但比工业品纯度高,主要用于一般化学实验,不能用于分析工作

此外,根据特殊的工作目的,还有一些特殊的纯度标准。例如,光谱纯、荧光纯、半导体纯等。取用时应按不同的实验要求选用不同规格的试剂。例如,一般无机实验用三级或四级试剂即可,分析实验则需取用纯度较高的二级甚至一级试剂。

▶▶ 实训 3　溶解与搅拌

一、实训目标

1. 了解溶解的机理,能够根据溶质的性质选择适合的溶剂;
2. 熟练掌握溶解与搅拌的方法。

二、实训原理

溶解是一种物质（溶质）分散于另一种物质（溶剂）中成为溶液的过程。其中,溶剂是溶解过程中最重要的。水是最普遍的溶剂。溶解度是衡量物质在某一溶剂里溶解性大小的尺度,是物质溶解性的定量表示方法。在一定温度下,某物质在 100g 溶剂里达到饱和状态时所溶解的克数,叫做这种物质在这种溶剂里的溶解度。溶解度的大小与溶质和溶剂的性质有关,根据相似相容理论,溶质较易溶解于同它结构相似的溶剂中。

三、仪器与试剂

1. 仪器
玻璃棒、烧杯。
2. 试剂
氯化钠。

四、实训步骤

1. 研磨
将颗粒较大或块状的固体放入洁净干燥的研钵内,研磨成细小的粉末,以加快固体的溶解速度,使其完全溶解。
2. 选择溶剂
根据溶质的性质及相似相容的原理选择合适的溶剂。易溶于水的物质尽可能选择水作为溶剂。难溶于水的无机物可选择无机酸如盐酸、硫酸、硝酸或混合酸来溶解。有机化合物溶解时，则依据其极性，选择极性相似的有机溶剂。

3. 溶解过程

取所需量的固体粉末放入烧杯中，依据固体溶质在溶剂中的溶解度来确定溶剂的用量，将溶剂沿玻璃棒缓缓注入烧杯中，手持玻璃棒并转动手腕，用微力使玻璃棒在烧杯中部的液体中均匀的沿同一方向转动，直至溶质全部溶解于溶剂中混合充分，若溶质不易溶解，可通过加热方式溶解，完全溶解后取出玻璃棒并冲洗干净（见图1-7）。

(a) 加入溶剂　　　　　　　(b) 搅拌

(c) 直接加热　　　　　　　(d) 水浴加热

图 1-7　固体的溶解操作

4. 整理实验台

将仪器按照要求清洗干净并整齐地摆放到指定的位置，将实验台面擦拭干净。

五、注意事项

1. 用研钵研磨固体时，放入的固体量不要超过研钵总容积的 1/3，固体颗粒较大时，不要用研杵敲击，只能压碎。

2. 用玻璃棒搅拌液体时，玻璃棒不能摩擦或碰触容器，不能随意乱搅动液体造成液体飞溅，同时不要用力过猛，以免碰破容器壁。

六、思考题

固体粉末在溶解过程中的注意事项有哪些？

▶▶ 实训 4　　酸式滴定管的使用

一、实训目标

1. 了解酸式滴定管的结构，掌握酸式滴定管的洗涤方法；
2. 熟练掌握酸式滴定管的使用方法及能够正确地读取数值。

二、仪器与试剂

1. 仪器

酸式滴定管、烧杯、锥形瓶、试剂瓶。

2. 试剂

0.1mol/L 盐酸溶液、铬酸洗液。

三、实训步骤

1. 检查仪器

根据实验所需的实训仪器表清点仪器与试剂，并检查仪器的完好性。

2. 滴定管的洗涤

（1）管内无明显油污的滴定管，可用自来水直接清洗。先将烧杯清洗干净再装入自来水，关闭滴定管活塞，左手拇指、食指与中指持滴定管上端无刻线处，右手持烧杯，杯口紧靠滴定管口，使自来水沿滴定管内壁缓缓注入管中，约 10mL 左右。然后打开活塞，从管尖放出少量水冲洗管尖，再关闭活塞，两手横持滴定管，使管口稍微向下倾斜并慢慢旋转，当水全部润洗净整个滴定管后将水从管口处全部倒出弃去，但不要打开活塞，以防活塞上的油脂冲入管内。尽量将管内水倒空后再进行下一次洗涤，方法相同，直至将滴定管清洗至管内壁被水浸润且不挂水珠为洗净的标准。然后用蒸馏水以同样方法清洗 2～3 次，倒夹在滴定管架上备用。

（2）管内油污不易清洗时，可用铬酸洗液洗涤。关闭滴定管活塞，倒入 10～15mL 铬酸洗液于滴定管中，两手横持滴定管，边转动边向管口倾斜，直至洗液浸润全管为止，立起后打开活塞，将洗液放回原瓶中。若滴定管油污较严重，可将铬酸洗液充满全管，浸泡十几分钟或更长时间，或用温热洗液浸泡一段时间，洗液倒回原瓶后，用自来水清洗干净并以蒸馏水润洗 2～3 次。

3. 玻璃活塞涂油

酸式滴定管在使用前应检查玻璃活塞与活塞槽是否密合不漏且活塞转动灵活，避免实验中漏液或操作困难。如不符合要求，应在活塞上涂一薄层凡士林。涂油的方法：取下活塞并将滴定管平放在实验台上，用干净的滤纸将活塞和活塞槽内壁擦拭干净［见图 1-8(a)］，用食指蘸取少量凡士林在活塞的两端涂上薄薄一圈，在紧靠活塞孔处不要涂凡士林，防止堵塞活塞孔［见图 1-8(b)］。活塞涂好凡士林，再将滴定管的活塞槽的细端涂上凡士林［见图 1-8(c)］。将涂好油的活塞平行插入活塞槽内，向一个方向旋转活塞直至凡士林油膜均匀、透明、无纹路的分布于活塞与活塞槽上且转动灵活［见图 1-8(d)］。然后顶住活塞，套上橡胶圈，防止活塞松动脱落。

4. 试漏

关闭活塞，将滴定管装入蒸馏水至零刻线左右并擦干滴定管外壁，将滴定管夹在滴定管架上静置 2min，观察液面是否下降，用滤纸检查滴定管尖是否有水珠滴出，检查活塞缝隙处是否有水渗出。如不漏水，将活塞旋转 180°，再静置 2min，以同样的方法再观察一次，无漏水现象则可使用；否则，应擦干活塞重新涂油。

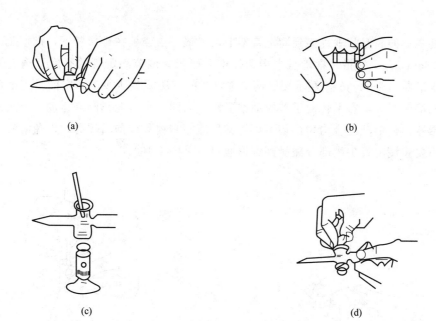

(a)

(b)

(c)

(d)

图 1-8 酸式滴定管涂凡士林的操作

5. 溶液润洗

核对好盐酸溶液标签后摇匀试剂瓶中的标准溶液，使凝结在瓶内壁的水珠混入溶液。标签朝内将试剂瓶中的标准溶液直接缓缓倒入滴定管中，不得用其他容器如烧杯、滴管等转移溶液，每次向滴定管中加入标准溶液约 10mL 左右，润洗方法与蒸馏水润洗方法相同，润洗 3 次除去滴定管内壁水分，确保标准溶液浓度不变。

6. 装入溶液

关闭活塞，摇匀试剂瓶中的标准溶液，左手拇指、食指与中指持滴定管上端无刻线处，右手持试剂瓶，瓶口紧靠滴定管口缓缓将标准溶液倾倒入滴定管中，直至零刻线以上。

7. 赶气泡

装好溶液后，检查滴定管的出口管是否充满溶液无气泡，若有气泡出现或未充满溶液，右手持滴定管上端无刻线处，将滴定管稍微倾斜约 30°，左手迅速打开活塞使溶液快速从管口冲出，将气泡排除，使溶液充满整个出口管。若气泡仍未能排出或溶液未充满出口管，再打开活塞放出溶液，同时用力上下抖动滴定管将气泡排出。若重复几次操作出口管处仍未充满溶液，则可能是出口管部分没有洗净，需重新洗涤。

8. 调零

装入溶液至零刻线以上约 5mm 处，放置于滴定管架上静置约 1min，然后取下滴定管，右手拇指、食指与中指持滴定管上端无刻线处，视线与管内溶液相平，左手无名指与小指弯曲并靠近掌心，轻轻抵住出口管，大拇指在前，食指与中指在后，手指略微弯曲，轻轻向内扣住活塞，手心空握，轻轻旋转并控制活塞（见图 1-9），将溶液从出口管放出，直至管内溶液弯月面下缘实线最低点与零刻线上缘相切，关闭活塞，即调节好零点。若使用的滴定管带有蓝线衬背，调零时两个弯月面的交叉点与滴定管蓝线相交于一点，视线应与该点在同一水平面上并与零刻线相切即为调节好零点。

9. 滴定

将调好零点的滴定管垂直夹到滴定管架上，可垫一白瓷板在锥形瓶下，锥形瓶瓶底距离白瓷板 2～3cm，右手拇指、食指与中指拿住锥形瓶颈，调节滴定管的高度至滴定管的尖嘴部分伸入锥形瓶口 1～2cm，左手按照调节零点时的方法调节活塞，滴定前，用锥形瓶外壁将管尖外的溶液碰去，右手转动手腕摇动锥形瓶，向同一个方向作圆周运动，要边滴加溶液边摇动锥形瓶，使溶液混合均匀，切不可将锥形瓶左右摇晃或前后摇晃，以免溶液飞溅造成误差。也不要将滴定管尖嘴部分碰触到锥形瓶口（见图 1-10）。

图 1-9　酸式滴定管的使用

图 1-10　酸式滴定管在锥形瓶中的操作

在滴定过程中，要求能够控制溶液滴出的速度，达到：①能够逐滴放出溶液；②能够只滴出一滴溶液；③半滴操作即使溶液挂在管尖上悬而未滴下，用瓶内壁将此溶液靠下。

滴定过程中，应注意观察锥形瓶中溶液颜色的变化，左右手与眼睛应密切配合。滴定开始时，液滴落点周围无明显颜色变化，滴定速度可以快些，边摇边滴，但放出的溶液不可呈液柱流下。继续滴定，临近滴定终点时，液滴落点周围出现颜色并暂时扩散至溶液，但摇动锥形瓶几次后颜色又完全消失，此时应每加一滴摇几下瓶。最后当摇动锥形瓶几次后溶液颜色消失缓慢时，表示临近滴定终点，此时应微转活塞，进行半滴操作即使溶液挂在管尖上悬而未滴下，用瓶内壁将此溶液靠下，然后倾斜锥形瓶，将附着于瓶壁上的半滴溶液洗入瓶中，摇匀溶液。如此重复操作，直至到达滴定终点的颜色出现 30s 不褪色为止，即到达滴定终点。每一次滴定操作最好都从"0"刻度开始。

10. 读数

滴定操作至终点颜色后，滴定管放置于管架上静置 1min，使附着于管壁的溶液流下后取下滴定管，右手拇指与食指拿住滴定管液面上方适当位置，使滴定管自然向下垂直，读取数值，读数要求读到小数点后两位即估读到±0.01mL，记录数据到记录本上。正确读取数值方法如下：

（1）滴定管中装入的溶液为无色或浅色溶液读数时，应读弯月面下缘实线最低点。读数时视线应与弯月面下缘实线最低点相切，即视线应与弯月面下缘实线最低点在同一水平面上〔见图 1-11(a)〕。

（2）滴定管中装入的溶液为有色溶液读数时，应使视线与液面两侧的最高点相切〔见

图 1-11（b）］。

（3）使用的滴定管带有蓝线衬背，读数时应读两个弯月面的交叉点与滴定管蓝线相交的一点，视线应与该点在同一水平面上［见图 1-11（c）、图 1-11（d）］。

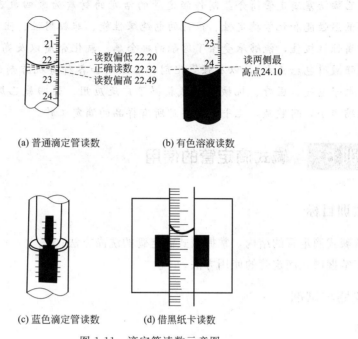

（a）普通滴定管读数　　　　（b）有色溶液读数

（c）蓝色滴定管读数　　　　（d）借黑纸卡读数

图 1-11　滴定管读数示意图

11. 整理实验台

滴定管用毕，将管中剩余溶液倒去，用自来水清洗干净并用蒸馏水冲洗 2～3 次后，倒夹到滴定管架上。将其他仪器按照要求清洗干净并整齐地摆放到指定的位置，将实验台面擦拭干净。

四、注意事项

1. 玻璃活塞涂油时，涂油不宜过多，防止堵塞活塞孔；涂油也不宜过少，防止密合不严，漏水且转动不灵活。如活塞孔或管尖堵塞，可用细铜丝轻轻将其捅出。如使用的滴定管活塞是聚四氟乙烯的，则不需要涂油。

2. 转动活塞时切勿用力向外拉动，以免推出活塞造成漏液。也切勿用力向内扣活塞，以免造成活塞转动困难，操作不便。

3. 滴定操作过程中，左手不能离开活塞任溶液自行流下，锥形瓶也不要离开滴定管尖端，更不可不摇动锥形瓶。

4. 酸式滴定管用于盛装酸性溶液、氧化性溶液与中性溶液。

五、思考题

1. 酸式滴定管涂油应怎样进行？应注意哪些问题？

2. 酸式滴定管应该如何赶除出口管处的气泡？

3. 滴定管在读数时应注意哪些问题？

相关知识链接

聚四氟乙烯活塞滴定管简介：制作滴定管的活塞的材质为聚四氟乙烯（PTFE），以其优异的耐高低温性能和化学稳定性、很好的电绝缘性能、非黏附性、阻燃性和良好的自润滑性，耐化学腐蚀性极佳，能够承受除了熔融的碱金属、氟化介质以及高于 300℃ 的氢氧化钠之外的所有强酸（包括王水），以及强氧化剂、还原剂和各种有机溶剂的作用已在化工、石油、纺织、电子电气、医疗、机械等领域获得了广泛应用。聚四氟乙烯活塞滴定管透明度高，膨胀收缩率小，耐酸碱，几乎可以满足所有样品的滴定工作。

▶▶ **实训 5　碱式滴定管的使用**

一、实训目标

1. 了解碱式滴定管的结构，掌握碱式滴定管的洗涤方法；
2. 熟练掌握碱式滴定管的使用方法。

二、仪器与试剂

1. 仪器
碱式滴定管、烧杯、锥形瓶、试剂瓶。
2. 试剂
氢氧化钠溶液、铬酸洗液。

三、实训步骤

1. 检查仪器
检查实验所需的实训仪器与试剂，并检查仪器的完好性。
2. 滴定管的洗涤
（1）管内无明显油污的滴定管，可用自来水直接清洗。先将烧杯清洗干净再装入自来水，左手拇指、食指与中指持滴定管上端无刻线处，右手持烧杯，杯口紧靠滴定管口，使自来水沿滴定管内壁缓缓注入管中，约 10mL 左右。然后右手持滴定管上端无刻线处，左手无名指与小指夹住滴定管管尖，拇指在前、食指在后捏住橡胶管玻璃珠偏上的部位，向右方挤橡胶管，溶液便可以从橡胶管与玻璃珠之间形成的缝隙中流出，从管尖放出少量水冲洗管尖后，两手横持滴定管，使管口稍微向下倾斜并慢慢旋转，当水全部润洗净整个滴定管后将水从管口处全部倒出弃去。尽量将管内水倒空后再进行下一次洗涤，方法相同，直至将滴定管清洗至管内壁被水浸润且不挂水珠为洗净的标准。然后用蒸馏水以同样方法清洗 2～3 次，倒夹在滴定管架上备用。
（2）管内油污不易清洗时，可用铬酸洗液洗涤。先将滴定管管尖与玻璃珠取下，橡胶管留在滴定管上，然后将滴定管倒立与洗液中，再用洗耳球吸取洗液直至洗液充满橡胶管以下的全管，浸泡一段时间后将洗液倒回原瓶中。用自来水清洗干净并以蒸馏水润洗 2～3 次。

3. 试漏

将滴定管装入蒸馏水至零刻线左右并擦干滴定管外壁，用洁净的锥形瓶外壁碰去残留于管尖处的水滴，将滴定管夹在滴定管架上静置 2min，观察液面是否下降，管尖处是否有水珠。若漏水，则选择一个大小合适、比较圆润的玻璃珠更换到橡胶管中，以同样的方法再试一次。玻璃珠过小或不圆润都可能造成漏水现象，过大则不便于操作。

4. 溶液润洗

核对好氢氧化钠溶液标签后摇匀试剂瓶中的标准溶液，使凝结在瓶内壁的水珠混入溶液。标签朝内将试剂瓶中的标准溶液直接缓缓倒入滴定管中，不得用其他容器如烧杯、滴管等转移溶液，每次向滴定管中加入标准溶液约 10mL 左右，润洗方法与蒸馏水润洗方法相同，润洗 3 次除去滴定管内壁水分，确保标准溶液浓度不变。

5. 装入溶液

将试剂瓶中的标准溶液摇匀，左手拇指、食指与中指持滴定管上端无刻线处，右手持试剂瓶，瓶口紧靠滴定管口缓缓将标准溶液倾倒入滴定管中，直至零刻线以上。

6. 赶气泡

装好溶液后，检查滴定管的出口管是否充满溶液无气泡，若有气泡出现或未充满溶液，将滴定管夹在滴定管架上，用左手拇指与食指捏住略高于玻璃珠所在的部位，将橡胶管向上弯曲，出口管向上倾斜，让管尖稍微高于玻璃珠，将玻璃珠往一侧挤，使溶液从管尖喷出（见图 1-12），然后边挤边将其竖直，待橡胶管竖直后再松开拇指与食指，这样就可以排干净出口管的气泡，使出口管充满溶液。

图 1-12 赶气泡

7. 调零

装入溶液至零刻线以上约 5mm 处，放置于滴定管架上静置约 1min，然后取下滴定管，右手拇指、食指与中指持滴定管上端无刻线处，视线与管内溶液相平，左手无名指与小指夹住滴定管管尖，拇指在前、食指在后捏住橡胶管玻璃珠偏上的部位，向右方挤橡胶管，使溶液从橡胶管与玻璃珠之间形成的缝隙中流出，直至管内溶液弯月面下缘实线最低点与零刻线上缘相切，即调节好零点。若使用的滴定管带有蓝线衬背，调零时两个弯月面的交叉点与滴定管蓝线相交于一点，视线应与该点在同一水平面上并与零刻线相切即为调节好零点。

8. 滴定

将调好零点的滴定管垂直夹到滴定管架上，可垫一白瓷板在锥形瓶下，锥形瓶瓶底距离白瓷板 2～3cm，右手拇指、食指与中指拿住锥形瓶颈，调节滴定管的高度至滴定管的尖嘴部分伸入锥形瓶口 1～2cm，左手按照调节零点时的方法操作滴定管，滴定前，用锥形瓶外壁将管尖外的溶液碰去，右手转动手腕摇动锥形瓶，向同一个方向作圆周运动，要边滴加溶液边摇动锥形瓶，使溶液混合均匀，切不可将锥形瓶左右摇晃或前后摇晃，以免溶液飞溅造成误差。也不要将滴定管尖嘴部分碰触到锥形瓶口。

在滴定过程中，通过捏挤玻璃珠与橡胶管产生的缝隙的大小来控制滴定速度，对滴定速度的要求和滴定过程的要求与酸式滴定管相同，但碱式滴定管在进行半滴操作时应使溶液挂在管尖上悬而未滴下，然后先松开拇指与食指，再用瓶壁将此溶液靠下，否则管尖处会有空气进入而产生气泡。

9. 读数

碱式滴定管的读数方法及读数时的要求同酸式滴定管相同。

10. 整理实验台

滴定管用毕，将管中剩余溶液倒去，用自来水清洗干净并用蒸馏水冲洗 2～3 次后，倒夹到滴定管架上。将其他仪器按照要求清洗干净并整齐地摆放到指定的位置，将实验台面擦拭干净。

四、注意事项

1. 碱式滴定管在操作过程要捏挤玻璃珠所在部位稍上一些的地方，以防松开手时橡胶管下方胶管进入空气产生气泡，也不要上下移动玻璃珠，以防溶液不能顺利流出。

2. 碱式滴定管用于盛装碱性溶液与非氧化性溶液。

五、思考题

1. 碱式滴定管排气泡的方法与酸式滴定管不同，应当如何操作？

2. 碱式滴定管在进行半滴操作时应注意哪些事项，并说明原因？

▶▶ **实训 6   容量瓶的使用**

一、实训目标

1. 掌握容量瓶的试漏与洗涤方法；

2. 熟练掌握容量瓶的使用方法。

二、仪器与试剂

1. 仪器

250mL 容量瓶、烧杯、玻璃棒、洗瓶。

2. 试剂

固体试样。

三、实训步骤

1. 检查仪器

检查实验所需的实训仪器与试剂，并检查仪器的完好性。

2. 容量瓶的试漏

使用前，先检查容量瓶与瓶塞是否密合。向容量瓶中注入自来水至刻线附近，盖上瓶塞，用滤纸擦干瓶口与瓶塞，然后一手用食指按住瓶塞，其余手指拿住瓶颈部位，另一只手用手指指尖托住容量瓶底部边缘，手掌呈空心，将容量瓶倒立 2min，观察瓶口与瓶塞的缝隙处是否有水渗漏，再用滤纸擦拭缝隙处查看有无水渗漏，若不漏水，正直容量瓶后，将瓶塞旋转 180°后按上述方法检查一次，如不漏水，方可使用。试漏完成后，将瓶塞用塑料绳或橡皮筋绑到瓶颈上适当的位置，以免瓶塞丢失、弄混或放置于桌面上而沾污。

3. 容量瓶的洗涤

（1）容量瓶不太脏时，用自来水冲洗干净后用蒸馏水荡洗 2～3 次，直至瓶内外壁不挂水珠且被水层均匀润湿即可。

（2）若容量瓶较脏，控净瓶内残留水，再倒入 10～15mL 铬酸洗液，盖好瓶塞，边倾斜边转动容量瓶，直至洗液全部布满容量瓶，并颠倒几次，放置几分钟。然后将洗液倒回原瓶中，用自来水将容量瓶与瓶塞冲洗干净，蒸馏水润洗后备用。

4. 溶解试样

将固体试样置于洗净的小烧杯中，加蒸馏水，用玻璃棒搅拌至完全溶解。

5. 溶液的转移

将上述小烧杯中配置好的溶液定量转移至容量瓶中，左手先将小烧杯拿至接近容量瓶口，稍微倾斜烧杯，右手持玻璃棒，让玻璃棒沿烧杯壁至烧杯口处伸入到容量瓶内 1～2cm，烧杯口始终紧贴玻璃棒，并使玻璃棒的下端靠住瓶内壁，但玻璃棒上端不要接触瓶口，烧瓶口紧靠玻璃棒，使溶液沿玻璃棒缓缓流入容量瓶中［见图 1-13（a）］。溶液完全转移后，将玻璃棒向上提起，同时慢慢直立烧杯，烧杯口始终靠在玻璃棒上，将玻璃棒沿烧杯口滑入到烧杯中，并用左手食指在烧杯口的反方向按住玻璃棒，以防玻璃棒在烧杯中滚动。用洗瓶装蒸馏水小心吹洗玻璃棒及烧杯内壁 5 次以上，按上述方法将洗液再转移至容量瓶中，如此重复 3～5 次完成溶液的定量转移后，加蒸馏水稀释至容量瓶总容积的 3/4，用右手食指与中指夹住瓶塞，按水平方向平摇几次，使溶液混合均匀，再继续慢慢加水至接近刻线下约 1cm 处，置于桌上静置 1～2min。

6. 定容

左手拇指、食指拿住容量瓶刻线以上，视线与容量瓶刻线上边缘在同一水平面上，用胶帽滴管滴加蒸馏水，直至眼睛平视时弯月面下边缘最低点与刻线上边缘相切，盖好瓶塞。

7. 摇匀

一手用食指按住瓶塞，其余手指拿住瓶颈部位，另一只手用手指指尖托住容量瓶底部边缘，手掌呈空心，将容量瓶倒转、振荡［见图 1-13（b）］，再直立容量瓶，反复倒置 10～15 次，使溶液充分混匀，直立容量瓶后，稍微打开瓶塞，让瓶塞周围的溶液流下，重新盖好瓶塞，再倒置 1～2 次，使溶液完全混合均匀，放置于实验台上备用。

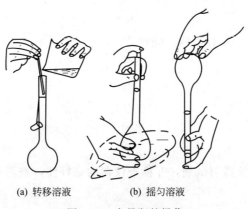

(a) 转移溶液　　　　(b) 摇匀溶液

图 1-13　容量瓶的操作

8. 整理实验台

容量瓶中的溶液用完后，将容量瓶及其他仪器清洗干净，摆放整齐。

四、注意事项

1. 容量瓶洗涤后不能放到烘箱中干燥，容量瓶也不能用于加热溶液，以免造成其容积的改变而影响测量的准确度。

2. 若待转移的溶液过热时，应先冷却至室温后再定量转移到容量瓶中。

3. 容量瓶不得用于试剂的存储，容量瓶中配制好的溶液应转移至试剂瓶中，不得作为试剂瓶使用。

五、思考题

1. 容量瓶如何试漏？

2. 一位同学将固体试剂直接放入到容量瓶中，并用洗瓶向容量瓶中加入蒸馏水后加热溶解溶液，稀释至刻度，此同学的操作是否有错误，请指出？

相关知识链接

容量瓶主要用于标准溶液的配制或试样溶液的配制，也可用于将一定量的浓溶液稀释成准确体积的稀溶液。通常有 25mL、50mL、100mL、250mL、500mL、1000mL 等数种规格，实验中常用的是 100mL 和 250mL 的容量瓶，常于移液管配套使用。

▶▶ 实训 7　移液管的使用

一、实训目标

1. 掌握移液管的洗涤方法；
2. 熟练掌握移液管的使用方法。

二、仪器与试剂

1. 仪器

移液管、洗耳球、250mL 容量瓶、烧杯。

2. 试剂

容量瓶配制好的溶液。

三、实训步骤

1. 检查仪器

清点实验所需的实训仪器与试剂，并检查仪器的完好性，查看移液管口及管尖处是否平整无破损。

2. 移液管的洗涤

① 移液管不太脏时，可以用自来水冲洗，用烧杯接取自来水，右手拇指与中指拿住移液管刻线上端适当的位置，食指靠近移液管上口，将移液管下口插入到水中，左手拿洗耳球，压出球内的空气，将洗耳球尖口插入到管上口，左手手指慢慢松开，将水慢慢吸入管内直至移液管容积的1/3处，左手撤去洗耳球，右手食指迅速按住管口，横持移液管，管尖稍向下倾斜，两手分别持移液管两端，旋转移液管并使水润湿全管内壁，边转动边将水从管尖放出，按此方法反复洗涤，直至管内洁净、不挂水珠，然后用蒸馏水润洗 2～3 次，放置于移液管架上备用即可。

② 移液管较脏用水冲洗不净时，可以用铬酸洗液洗涤。先将移液管中的水尽可能除去，右手拇指与中指拿住移液管刻线上端适当的位置，食指靠近移液管上口，将移液管下口插入到洗液中，左手拿洗耳球，压出球内的空气，将洗耳球尖口插入到移液管上口，左手手指慢慢松开，将洗液慢慢吸入管内直至液面升至刻线以上，等待片刻，将洗液放回原瓶中。若需用铬酸洗液长时间浸泡移液管，则应将移液管直立放置于盛装与洗液的大量筒中，浸泡一段时间，取出移液管，沥尽洗液，用自来水冲洗干净并以蒸馏水润洗，放置于移液管架上备用。

3. 溶液润洗

将配制好置于容量瓶中的溶液摇匀，倒入少量溶液于一洁净、干燥的小烧杯中，吹净移液管中的水，用滤纸将移液管下端管尖内外的水吸干，用烧杯中的溶液润洗移液管，润洗方法同自来水与蒸馏水的洗涤方法，洗涤 2～3 次，确保移取溶液的浓度不变。

4. 吸取溶液

移液管用待吸取的溶液润洗后，用右手拇指与中指拿住移液管刻线上端适当的位置，将移液管管尖插入到容量瓶中待吸取溶液液面下 1～2cm［见图 1-14（a）］，左手拿洗耳球将溶液慢慢洗入移液管中，随着移液管中溶液液面的上升，移液管管尖应随着容量瓶中溶液的液面慢慢下降，以防吸空，当管内溶液液面上升至刻线以上时，移开洗耳球，右手食指迅速堵住管口，将管竖直向上提出液面，用滤纸擦干管下端外壁附着的少量溶液，盖好容量瓶塞。

5. 调液面

将吸取溶液后的移液管管尖靠在上述用溶液润洗过的小烧杯内壁上，烧杯稍微倾斜，移液管管身保持竖直，轻轻松动右手食指，同时右手拇指与中指轻轻转动移液管，使管内溶液液面缓慢下降，直至管内弯液面最低点与移液管刻线上缘相切，右手食指立即堵住管口，视线与移液管刻线上缘在同一水平面上，移液管轻靠一下烧杯内壁，以碰去管尖附着的液滴。

6. 放出溶液

左手持锥形瓶并稍微倾斜，将移液管竖直平移至锥形瓶上方，移液管管尖端立即伸入到锥形瓶中，保持管直立，管尖紧靠锥形瓶内壁，松开右手食指，使溶液沿瓶内壁流下，在整个排放与等待的过程中，保持管尖端与锥形瓶内壁接触不动［见图 1-14（b）］，待液面下降至管尖时，等待 15s 后轻轻旋转一下管身，再取出移液管。

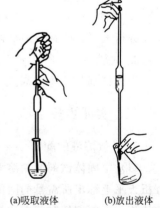

(a)吸取液体　　(b)放出液体

图 1-14　吸取、放出液体

7. 清洗移液管并整理实验台

移液管用毕，应洗涤干净，蒸馏水润洗后放置于移液管架上备用。

四、注意事项

1. 用移液管吸取溶液时，管尖伸入溶液液面下不要太深，以免管尖端外壁附着过多溶液，也不要伸入过浅，以防液面下降吸空溶液。

2. 移液管放出溶液后，除管上刻有"吹"字的移液管必须将管内溶液完全吹出外，其他移液管均不许将管内少量残液吹出，因校准移液管时已考虑了末端保留溶液的体积。

3. 移液管不得放入烘箱中干燥，以及不得移取过热或过冷的溶液，以免改变容积。

五、思考题

1. 用移液管移取容量瓶中溶液时，需要注意哪些事项？

2. 移液管移取溶液后，如何调整移液管液面？

相关知识链接

移液管又称为单标线吸量管，用以准确移取一定体积的溶液。移液管标线部分管径较小，准确度较高。吸量管又称分度吸量管，它是带有分度刻线的玻璃管，用于移取不同体积的溶液。吸量管的读数刻线部分管径较大，准确度较移液管稍差。

▶▶ 实训 8　溶液的配制

一、实训目标

1. 掌握溶液配制的操作方法；

2. 能够熟练配制一般溶液、标准溶液、与指示剂。

二、仪器与试剂

1. 仪器

分析天平、烧杯、玻璃棒、试剂瓶、量筒、容量瓶。

2. 试剂

固体试剂、液体试剂。

三、实训步骤

1. 一般溶液的配制

（1）由固体试剂配制溶液　先算出配制一定浓度、体积溶液所需的固体试剂的质量。在分析天平上称出所需量的固体试剂于烧杯中，加入适量蒸馏水溶解，搅拌均匀，再稀释至所需体积。试剂溶解时若有放热现象或加热促进溶解，应待溶液冷却后，再转入试剂瓶中。配制好的溶液应立即贴好标签，标明溶液的名称、浓度、配制日期。

（2）由液体试剂（或浓溶液）配制溶液　先算出配制一定体积、浓度溶液所需液体（或浓溶液）的量。用量筒量取所需的液体（或浓溶液），加到盛装有少量蒸馏水的烧杯中，摇匀至完全混合，再稀释至所需的体积。如果溶液放热，需冷却至室温后，再将溶液转移至试剂瓶中，贴好标签，备用。

2. 标准溶液的配制

（1）直接法　用分析天平准确称量一定量的基准试剂，溶于适量的蒸馏水中，再定量转移至容量瓶中，用蒸馏水稀释至刻度。根据称取试剂的质量和容量瓶的体积，计算它的准确浓度。

（2）标定法　实际上只有少数试剂符合基准试剂的要求，而且很多标准滴定溶液没有适用的标准物质供直接配制，而要用间接法配制，即标定法。在这种情况下，先用分析纯试剂配成接近所需浓度的溶液，然后用基准试剂或另一种已知准确浓度的标准溶液来标定它的准确浓度。

3. 常用指示剂溶液的配制

配制指示剂溶液时，需称取的指示剂量往往很少，应用分析天平称量，但读取两位有效数字即可；根据指示剂的性质，采用合适的溶剂，必要时还要加入适当的稳定剂，并注意其保存期；配好的指示剂一般贮存于棕色瓶中。

四、注意事项

1. 有一些易水解的盐，在配制溶液时，需加入适量酸，再用水或稀酸稀释。有些易被氧化或还原的试剂，常在使用前临时配制；或采取措施，防止其被氧化或还原。

2. 易腐蚀或侵蚀玻璃的溶液，不能盛放在玻璃瓶内。最好盛放于聚乙烯瓶中。

3. 配制溶液时，要合理选择试剂的级别。不要超规格使用试剂，以免造成浪费；也不要降低规格使用试剂，以免影响分析结果的准确度。

4. 经常并大量使用的溶液，可先配制成浓度为使用浓度的 10 倍的贮备液，需要时取贮备液稀释 10 倍即可使用。

5. 配制标准溶液时，应选用符合实验要求的蒸馏水。配制好的标准溶液均应密闭存放，避免阳光直射甚至完全避光。由于水分蒸发，水珠凝于瓶壁，使用前应将溶液摇动均匀。

五、思考题

1. 配制硫酸、硝酸、盐酸等溶液时需要将酸注入到一定量的水中，为什么？
2. 实验室贮存浓碱溶液时，是否应当贮存于聚乙烯塑料瓶中？

相关知识链接

基准物质是纯度很高，组成一定、性质稳定的试剂，它相当于或高于优级纯试剂的纯度。基准物质可用于直接配制标准溶液或用于标定溶液的浓度。作为基准试剂，应具备以下条件：

（1）试剂的组成与其化学式完全相符；

（2）试剂的纯度应足够高，一般要求纯度在 99.9% 以上，而杂质的含量应低到不致于影响分析的准确度；

（3）试剂在通常条件下应该稳定；

（4）试剂参加反应时，应按反应式定量进行，没有副反应。

 阅读材料

从生活中学习化学知识

化学是与生活联系极为密切的学科之一，随着化学的发展，生活中一些奥秘也逐渐被揭示。在化学学习之初就开始从日常生活中积累化学知识，可以加深对所学知识的理解，从而提高对化学的学习兴趣。

俗话说："民以食为天"。饮食是生活的重要组成部分，馒头的一大制作工艺就是要在发好的面中放入"碱水"，此"碱"在化学中其实属于盐类，名为碳酸钠，其水溶液显碱性。由于面发久了以后，会发酸，这是由于发面里的葡萄糖变成了乳酸。发面中放入"碱水"，正是利用了化学中的酸碱中和原理，乳酸遇碱后，就马上被中和了。

我们的住房有多彩的装饰。生石灰浸在水中成熟石灰，熟石灰涂在墙上干后成洁白坚硬的碳酸钙，覆盖了泥土的黄色，房子才显得整洁明亮。应用化学方法可以炼出钢铁，我们才有铁制品使用。应用化学方法还可以加工石油，我们才能用上轻便的塑料。同样应用化学方法煅烧陶土，才能使房屋有漂亮的瓷砖表面。

我们还可以用磺铁矿燃烧制硫酸，作为重要的化工原料。用"王水"检验金子是否纯。用酸洗去水垢。用汽油乳化橡胶做黏合剂。用氢氟酸雕画玻璃。用泡沫灭火器灭火。用二氧化碳加压溶解制爽口的汽水，用小苏打做可口的饼干。用腐蚀性药品清除管道阻塞。

农业生产也离不开化学，俗话说"雷雨发庄稼"、"种豆子不上肥，连种几年地更肥"所讲的道理是：一种是闪电时空气中的氮气和氧气化合物生一氧化氮，一氧化氮进一步与氧气化合生成二氧化氮，二氧化氮被水吸收变成硝酸在下雨时降落到地面。另一种是利用植物的根瘤菌，根瘤菌是一种细菌，能使豆科植物的根部形成根瘤，在自然条件下，它能把空气中的氮气转化为含氮的化合物，供植物利用。另外，酸性土壤常常用熟石灰来改良。

▶▶ 实训 9　常压过滤

一、实训目标

1. 学习常压过滤的操作方法；
2. 掌握洗涤方法。

二、仪器

玻璃漏斗、烧杯、玻璃棒、带铁圈的铁架台、滤纸、洗瓶。

三、实训步骤

1. 检查仪器

清点实验所需的实训仪器与试剂，检查仪器的完好性。

2. 选择漏斗与滤纸

根据漏斗直径的大小选择与其大小相适宜的圆形滤纸。

3. 滤纸的折叠安放和做水柱

将圆形滤纸对折两次，拨开一层即可以形成内角为60°的圆锥形（见图1-15），与60°角的标准漏斗相吻合。圆锥形的一边是三层，一边一层，在三层的一边撕去一个小角，可以使圆锥形滤纸放入漏斗后与漏斗紧密贴合，然后将圆锥形滤纸放入到干燥的漏斗中，三层的一边放置于漏斗颈的斜口短侧，使滤纸与漏斗壁贴紧，滤纸上边缘应略低于漏斗口1cm左右。用左手食指按住滤纸三层一侧，右手拿洗瓶注入少量蒸馏水润湿滤纸，然后用食指或玻璃棒轻压滤纸四周，挤压出气泡，使滤纸与漏斗壁完全密合。在漏斗中注入蒸馏水至滤纸的边缘，此时漏斗颈内应充满水而形成连续的水柱。

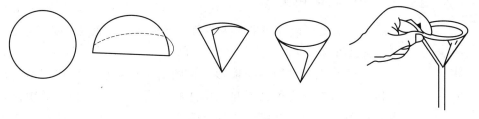

图1-15　滤纸的折叠和安放

4. 倾斜法过滤

将准备好的漏斗安放在铁架台的铁圈上，在漏斗颈下端放一洁净的烧杯用以接收滤液，漏斗颈斜口长侧紧靠烧杯壁，滤液可沿烧杯壁流入烧杯中，以防滤液飞溅。左手持玻璃棒，竖直的放于三层滤纸一边，但勿接触滤纸以免戳破滤纸。右手持烧杯，使烧杯中溶液的沉淀尽量沉降至杯底，不要搅动沉淀，稍微倾斜烧杯，使烧杯口靠紧玻璃棒，小心地将溶液沉淀上清液沿玻璃棒流入到漏斗中，直至注入漏斗中的溶液液面距离滤纸边缘约5mm时，暂停倾注，将玻璃棒沿烧杯口向上提至杯嘴，同时缓慢正直烧杯，避免溶液流到烧杯外壁，再将玻璃棒放入烧杯中不要靠在杯嘴处。以此方法重复操作至上清液几近倾完为止［见图1-16(a)］。

5. 转移沉淀

待上清液倾完后，用洗瓶向盛装沉淀的烧杯中加入少量蒸馏水，搅拌混合，然后将溶液与沉淀一同沿玻璃棒倾入漏斗中。重复洗涤几次，最后残留的极少数沉淀，按此方法完全转移，将玻璃棒横放在烧杯口上，玻璃棒下端比烧杯口长出2～3cm，左手食指按住玻璃棒，其余手指拿起烧杯，放在漏斗三层滤纸的上方，用洗瓶冲洗烧杯内壁附着的沉淀，将烧杯中的沉淀与洗液全部转移至漏斗中，最后冲洗玻璃棒，直至沉淀与洗液转移完全为止［见图1-16(b)］。

6. 洗涤沉淀

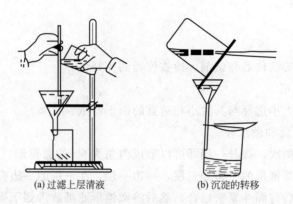

(a) 过滤上层清液   (b) 沉淀的转移

图 1-16   普通过滤

待漏斗中的洗液过滤完后，用洗瓶沿滤纸边缘以螺旋方式向下冲洗沉淀（见图 1-17），反复冲洗沉淀与滤纸数次后，将洗液过滤完全。

四、注意事项

1. 折叠滤纸时，如果漏斗的角度不标准，可适当改变折叠滤纸的角度，使其符合漏斗的角度与之相密合。

2. 若在做水柱时，不能形成连续的水柱，则可以用手堵住漏斗颈下口，将滤纸一边稍稍掀起，用洗瓶向漏斗与滤纸的空隙中注入蒸馏水，使漏斗颈和滤纸锥体内外充满水，手指轻轻压紧滤纸，将堵住漏斗颈下口的手放开，则应该可以形成水柱。因水柱的重力可起到抽滤作用，则能使过滤速度加快。

图 1-17   洗涤沉淀

3. 洗涤沉淀时，应采用"少量多次"的方法洗涤，每次少加洗液尽可能沥干洗液再进行第二次洗涤，这样可以提高洗涤效率。

五、思考题

1. 在溶液过滤过程中，用玻璃棒在漏斗中搅动加快过滤速度，此操作是否正确？

2. 在常压过滤操作过程中，玻璃棒下端应与滤纸接触而漏斗颈下端口不应与烧杯壁接触，这种说法是否错误，如错误请纠正并说明原因？

▶▶ 实训 10   减压过滤

一、实训目标

1. 了解减压过滤装置的安装及使用方法；

2. 掌握减压过滤的操作方法。

二、仪器与试剂

1. 仪器

布氏漏斗、吸滤瓶、缓冲瓶、减压泵、烧杯、玻璃棒、滤纸、洗瓶。

2. 试剂

根据实验而定。

三、实训步骤

1. 检查仪器并安装减压过滤装置

清点实验所需的减压仪器与试剂并检查整套减压装置的严密性,将布氏漏斗的下端斜口正对吸滤瓶的侧管,以免滤液被吸出(见图 1-18)。

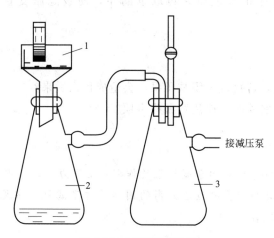

图 1-18 减压过滤装置
1—布氏漏斗;2—吸滤瓶;3—缓冲瓶

2. 贴好滤纸

将滤纸裁剪成略小于布氏漏斗直径大小的圆形,并能恰好完全覆盖住滤孔,将其放入布氏漏斗中,然后用洗瓶将冷的蒸馏水挤入漏斗中润湿滤纸,再打开减压泵,将滤纸紧紧贴于布氏漏斗瓷板上。

3. 倾斜法过滤

抽滤前,先打开减压泵,然后右手持烧杯,使烧杯中溶液的沉淀尽量沉降至杯底,不要搅动沉淀,稍微倾斜烧杯,使烧杯口靠紧玻璃棒,小心地将溶液沉淀上清液沿玻璃棒流入到漏斗中,当倾入漏斗中的溶液接近但不超过漏斗容积的 2/3 时,暂停倾注,将玻璃棒沿烧杯口向上提至杯嘴,同时缓慢正直烧杯,避免溶液流到烧杯外壁,再将玻璃棒放入烧杯中不要靠在杯嘴处。以此方法重复操作至上清液几近倾完为止,然后将沉淀倒入漏斗的中间部位,使其均匀分布于滤纸上,抽滤至沉淀比较干燥为止。

4. 洗涤沉淀

抽干母液后,暂停吸滤,将晶体用玻璃棒轻轻松动搅散,用洗瓶加入少量冷蒸馏水浸润后，再抽干，以此方法反复几次操作，直至沉淀洗涤干净为止。

5. 过滤完毕

抽滤完毕，先将缓冲瓶上的二通活塞打开，再关闭减压泵，以防水倒吸。然后取下漏斗，将漏斗颈朝上置于准备好的滤纸上，轻轻敲打漏斗边缘，使沉淀落入滤纸上，再轻轻掀起滤纸取出滤纸与沉淀。

6. 清洗仪器

四、注意事项

1. 放入布氏漏斗中的滤纸若直径大于漏斗的直径，则滤纸周边会起皱褶，抽滤时，晶体会从褶皱的缝隙中被抽入吸滤瓶，从而造成透滤。

2. 抽滤过程中，要注意观察，当吸滤瓶中的滤液快要上升至接近吸滤瓶的支管处时，应立即拔去吸滤瓶上的橡胶管，再取下漏斗，使吸滤瓶支管口朝上倒出滤液后再继续抽滤。

五、思考题

1. 减压抽滤完毕后，若直接关闭减压泵，会造成什么后果？
2. 在进行减压过滤实验时，应注意哪些事项？

相关知识链接

减压过滤装置的工作原理是由于减压泵的作用产生压力差，利用内外压强差，使过滤速度快，产品干燥。透滤是指想要被过滤分离的固体透过了滤纸，常见的原因有：滤纸破损、固体的颗粒小于滤纸的孔径。

第二节　分析化学基础实训项目

▶▶ 实训 1　分析天平的使用

一、实训目标

1. 了解分析天平及电子天平的构造；
2. 掌握递减称量法与直接称量法，能够熟练正确的称量试样；
3. 掌握天平水平及零点的调节；
4. 了解称量中如何正确运用有效数字。

二、仪器与试剂

1. 仪器

半自动电光分析天平、托盘天平、铜片、表面皿、称量瓶、牛角匙、锥形瓶（或小烧杯）。

2. 试剂

碳酸钠。

三、实训步骤

1. 半自动电光分析天平称量练习

（1）准备工作

① 取下天平罩，折叠整齐放在天平框罩上或天平右后方的台面上。

② 面对天平端坐。记录本放在天平前面，称量物放在左侧的台面上，砝码盒放在右侧的台面上。

（2）检查天平状态

① 检查天平部件是否正常，环码是否到位，环码无脱落，天平秤盘及底板是否清洁，指数盘是否对准零位。打开砝码盒，检查砝码是否齐全。

② 清扫天平。用天平内的软毛刷轻轻扫净天平的左右两盘和砝码盒内的砝码，扫去异物和灰尘。

（3）调节天平的零点　接通电源，缓慢启动天平升降枢旋钮，观察零点，当读数不为"0"，即标尺"0"刻线与投影屏上的标线不重合时，可拨动天平底板下面的零点微调拨杆，微微移动投影屏的位置调至零点。若零点读数相差太大，则应轻轻调整天平横梁上得平衡螺丝使零点在标线位置。连续测定两次即可。

（4）直接称量法　按分析天平称量一般程序操作。

① 首先在托盘天平上预称表面皿的质量，加上铜片后再称取一次（精确至 0.1g）。

② 调好零点后，将表面皿与铜片一起放在分析天平上左盘上，再按照粗称质量用镊子夹取相应质量的克组砝码放到天平右盘上，再将几百毫克（外圈）砝码置于粗称位置。然后用左手轻轻、缓慢地开启升降枢旋钮半开天平，以指针偏移方向或光标移动方向判断两盘轻重。调节几十毫克组（内圈）环码，直至天平平衡，读数并记录数据。取下铜片，准确称出表面皿质量，两次质量之差为铜片质量。

（5）递减称量法

① 预称。手戴白色细沙手套或用洁净的纸条叠成宽约 1cm 的纸带从干燥器中取出盛有碳酸钠试样的称量瓶，放在已处理洁净的托盘天平秤盘上称其质量，准确至 0.1g〔见图 1-19（a）〕。

② 将盛有碳酸钠试样的称量瓶放在分析天平上准确称量，准确至 0.0001mg，记下质量设为 m_1g。

③ 按递减称样法操作向锥形瓶中磕入 0.2～0.3g 碳酸钠，用左手按上述方法从天平盘上取出称量瓶，拿到接收器上方，右手用纸片夹住瓶盖柄，打开瓶盖，但瓶盖也不要离开接收器上方。将瓶身慢慢向下倾斜，然后用瓶盖轻轻敲击瓶口上部边

(a) 捏取称量瓶　　　(b) 倾出样品

图 1-19　捏取称量瓶和倾出样品

沿，使试样慢慢落入接受容器中［见图 1-19(b)］。当倾出试样接近需要量时，一边继续敲击瓶口上沿，一边逐渐将瓶身竖直，使沾在瓶口的试样落入接收器或落回称量瓶底部，盖好瓶盖。再将称量瓶放回天平左盘，准确称其质量，两次称量的质量之差即为倒入接收器的试样质量。称量时应检查所倾出的试样质量是否在称量范围内，如不足应重复上面的操作，直至倾出试样的质量达到要求为止。

④ 以同样的方法连续再称取 0.2～0.3g 碳酸钠试样三份，直至熟练掌握递减法操作。

（6）关闭天平　关闭天平升降旋钮，取出天平盘上的物品和砝码，砝码放在规定的空位中，将指数盘回零。检查天平零点变动情况，如果超过 0.0002，则应重称。

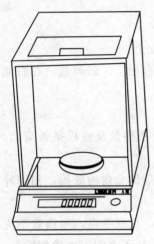

图 1-20　电子天平外形

（7）切断电源，罩好天平罩，砝码盒归位。

（8）填写天平使用记录并整理实验台。

2. 电子天平的使用方法

（1）检查并调整天平至水平位置。

（2）事先检查电源电压是否匹配（必要时配置稳压器），按仪器要求通电预热至所需时间。

（3）预热足够时间后打开天平开关，天平则自动进行灵敏度及零点调节。若天平不处于零位，则按去皮键 Tare 调零（去皮键也叫清零键）。待稳定标志显示后，可进行正式称量（见图 1-20）。

（4）称量

① 在秤盘上放上器皿，关上侧门，读取数值并记录，此数值为器皿质量。

② 轻按去皮键清零，使天平重新显示为零。

③ 在器皿内加入样品至显示所需质量时为止，记录读数，此数值为样品质量。

④ 将器皿连同样品一起拿出。

⑤ 若继续称量，按天平去皮键清零，以备再用。

⑥ 关机。按关机键，显示器熄灭。

⑦ 称量结束，切断电源，罩好天平罩，并做好使用情况登记。

四、数据处理

数据记录见表 1-2 和表 1-3。

表 1-2　直接称量法记录表

铜片编号	1	2
铜片和表面皿总质量/g		
表面皿质量/g		
铜片质量/g		

表 1-3　递减称量法记录表

记 录 项 目	试 样 编 号					
	1#	2#	3#	4#	5#	6#
称量瓶＋试样质量/g						
倾出试样后称量瓶＋试样质量/g						
试样质量/g						

五、注意事项

1. 天平应放置在牢固平稳水泥台或木台上，室内要求清洁、干燥及较恒定的温度，同时应避免光线直接照射到天平上。

2. 称量时应从侧门取放物质，读数时应关闭天平门以免空气流动引起天平摆动。前门仅在检修或清除残留物质时使用。

3. 天平箱内应放置吸潮剂（如硅胶），当吸潮剂吸水变色，应立即高温烘烤更换，以确保吸湿性能。

4. 装有试样的称量瓶除放在秤盘上或拿在手中（用纸条或戴手套）外，不得放在其它地方，以免沾污。

5. 称量时若用手套，要求手套要洁净合适；若用纸带，要求纸带的宽度小于称量瓶的高度，套上或取出纸带时，不要接触称量瓶口，纸带也应放在洁净的地方。

6. 若一次倾出试样不足时，可重复上述操作直至倾出试样的质量达到要求为止（重复次数最好不超过 3 次）；若倾出试样大大超过所要求的数量，则需弃去重称。

7. 要在接受容器的上方打开或盖上瓶盖，以免可能黏附在瓶盖上的试样失落；黏在瓶口上的试样应尽量敲回瓶中，以免粘到瓶盖上或丢失。

8. 挥发性、腐蚀性、强酸强碱类物质应盛于带盖称量瓶内称量，防止腐蚀天平。

9. 称量工作完成后，必须取下秤盘上的被称物才能关闭电源，否则将损坏天平。

10. 电子天平在安装或移动位置后需先进行校准后才可以使用。

六、思考题

1. 分析天平称量前，为什么要先在托盘天平上预称？

2. 递减法称取试样，需要注意哪些问题？

3. 递减法称取试样时，如何进行敲样操作？

▶▶ 实训 2　滴定分析仪器基本操作

一、实训目标

1. 能正确使用滴定分析仪器；

2. 了解各种滴定分析仪器的用途及使用规范。

二、仪器与试剂

1. 仪器

酸式滴定管、碱式滴定管、移液管、吸量管、容量瓶、量筒、烧杯、锥形瓶、洗耳球。

2. 试剂

铬酸洗液。

三、实训步骤

1. 认领、验收仪器

按实验玻璃仪器清单清点仪器。

2. 玻璃仪器洗涤

将滴定管、移液管、吸量管等清洗干净，如仪器油污较重，可用铬酸洗液洗涤，再清洗至仪器内外壁不挂水珠为止。

3. 操作练习

(1) 25mL 移液管

洗涤→欲移取的溶液润洗（容量瓶中的水代替）→吸取溶液→调液面→移取溶液至锥形瓶。

(2) 10mL 吸量管

洗涤→欲移取的溶液润洗（容量瓶中的水代替）→吸取溶液→调液面→放液（按不同刻度把溶液移入锥形瓶中）。

(3) 容量瓶的使用

洗涤→试漏→转移→稀释→平遥→稀释→静置→调液面至标线→摇匀。

(4) 酸式滴定管的准备和使用

洗涤→涂油→试漏→标准溶液润洗（水代替）→装溶液（水）→赶气泡→调零→滴定（连续滴定、加一滴、加半滴的操作练习）→读数。

(5) 碱式滴定管的准备和使用

洗涤→试漏→标准溶液润洗（水代替）→装溶液（水）→赶气泡→调零→滴定（连续滴定、加一滴、加半滴的操作练习）→读数。

四、思考题

1. 使用移液管放出溶液时，为什么当管内液面下降至管尖后再等待 15s 才能取出移液管？
2. 使用酸、碱式滴定管为什么要用欲装溶液润洗？怎样操作？

▶▶ **实训 3**　滴定终点练习

一、实训目标

1. 熟练掌握酸式滴定管和碱式滴定管的操作技术；

2. 掌握正确判断酚酞、甲基橙指示剂所指示的滴定终点。

二、实训原理

滴定终点的判断正确与否是影响滴定分析结果准确度的重要因素，必须学会正确判断滴定终点以及验证滴定终点的方法。

碱滴定酸常用的指示剂是酚酞，其 pH 变色范围是 8.0（无色）～10.0（红色）。酸滴定碱常用的指示剂是甲基橙，其 pH 变色范围是 3.1（红色）～4.4（黄色）。判断颜色，对初学者有一定的难度，所以在做滴定练习之前，应先练习判断和验证终点，直至加入半滴溶液而滴定刚好至滴定终点。

三、仪器与试剂

1. 仪器

酸式滴定管、碱式滴定管、移液管、锥形瓶、试剂瓶、烧杯。

2. 试剂

HCl 标准溶液（0.1mol/L）、NaOH 标准溶液（0.1mol/L）、甲基橙指示剂（0.1%）、酚酞指示剂（0.2%）。

四、实训步骤

1. 酸式滴定管和碱式滴定管的准备

将滴定管洗净试漏，检查活塞是否转动灵活，检查乳胶管及玻璃珠是否完好合适，分别用待装的标准溶液润洗 3 次。将 0.1mol/L HCl 标准溶液装入酸式滴定管，排除气泡，调节液面至 0.00mL 标线。将 0.1mol/L NaOH 标准溶液装入碱式滴定管，赶除气泡，调节液面至 0.00mL 标线。

2. 以酚酞作指示剂的终点练习

用量筒量取 25mL 水至 250mL 锥形瓶中，加入 0.2%酚酞指示剂 1 滴，再从酸式滴定管放出几滴 HCl 溶液，观察颜色，用 0.1mol/L NaOH 标准溶液滴定，至溶液由无色变为微红色，30s 不褪色即终点到达。再滴入 HCl 溶液至无色，继续用 0.1mol/L NaOH 标准溶液滴定，至溶液由无色变为微红色，30s 不褪色即终点到达。如此反复滴加 HCl 和 NaOH 溶液，直至能做到最后加半滴 NaOH 能使无色溶液变成微红色，或最后加半滴 HCl 能使微红色溶液变成无色。

3. 以甲基橙作指示剂的终点练习

用量筒量取 25mL 水至 250mL 锥形瓶中，加入 0.1%甲基橙指示剂 1 滴，再从碱式滴定管放出几滴 NaOH 溶液，观察颜色，用 0.1mol/L HCl 标准溶液滴定，至溶液由黄色变为橙色即达终点。再滴入 NaOH 溶液至黄色，继续用 0.1mol/L HCl 标准溶液滴定，至溶液由黄色变为橙色即终点到达。如此反复滴加 NaOH 和 HCl 溶液，直至能做到最后加半滴 HCl 能使黄色溶液变成橙色，或最后加半滴 NaOH 能使橙色溶液变成黄色。

五、思考题

1. 用于滴定的锥形瓶或烧杯是否需要干燥？
2. 如何控制和判断滴定终点？

相关知识链接

石蕊试纸是波义耳在一次偶然的机会中发现的：在一次紧张的实验中，放在实验室内的紫罗兰，被溅上了浓盐酸，爱花的波义耳急忙把冒烟的紫罗兰用水冲洗了一下，然后插在花瓶中。过了一会波义耳发现深紫色的紫罗兰变成了红色的。这一奇怪的现象促使他进行了许多花木与酸碱相互作用的实验。由此他发现了大部分花草受酸或碱作用都能改变颜色，其中以石蕊得衣中提取的紫色浸液最明显，它遇酸变成红色，遇碱变成蓝色。利用这一特点，波义耳用石蕊浸液把纸浸透，然后烤干，这就制成了实验中常用的酸碱试纸——石蕊试纸。

▶▶ 实训 4　　盐酸标准溶液的配制及标定

一、实训目标

1. 掌握 HCl 标准溶液的配制方法及标定 HCl 标准溶液的原理与标定方法；
2. 熟练掌握减量法称量及酸式滴定管的操作方法；
3. 对混合指示剂指示的滴定终点能够做出正确的判断。

二、实训原理

市售的盐酸为无色透明的 HCl 水溶液，质量分数为 $36\%\sim38\%$，密度约为 $1.19g/cm^3$。物质的量浓度为 $12mol/L$，根据需要将浓盐酸配制成近似浓度的溶液，再用基准物进行标定，由于浓盐酸能会发出 HCl 气体，故配制时所取的浓盐酸的量应适当多于理论值，以得准确浓度。

标定盐酸溶液常采用无水碳酸钠作基准物质，用甲基红-溴甲酚绿混合指示剂指示化学计量点，反应如下：

$$Na_2CO_3 + 2HCl \longrightarrow 2NaCl + CO_2\uparrow + H_2O$$

当到达滴定终点时，溶液由绿色变为暗红色，由于反应本身产生的 H_2CO_3 和溶液中 CO_2 过多，酸度增大，导致滴定终点提前，故需要将溶液煮沸 $2min$，冷却至室温后继续滴定至溶液由绿色变为暗红色。

三、仪器与试剂

1. 仪器

托盘天平、分析天平、量筒、玻璃棒、烧杯、试剂瓶、电炉、锥形瓶、称量瓶。

2. 试剂

浓 HCl、无水 Na_2CO_3、甲基红-溴甲酚绿混合指示剂。

四、实训步骤

1. 清洗仪器

2. 0.1mol/L HCl 标准溶液的配制

用量筒量取 9mL 浓盐酸，缓缓注入盛有一定量蒸馏水的烧杯中，再用蒸馏水稀释至 1000mL，混合均匀后置于试剂瓶中，盖好瓶塞并摇匀，贴好标签待标定。

3. $c(HCl)=0.1mol/L$ HCl 标准溶液的标定

（1）用分析天平准确称取 0.15~0.20g 于 270~300℃烘干至恒重的基准无水 Na_2CO_3（精称至 0.0001g）于 250mL 锥形瓶中；

（2）加入 50mL 蒸馏水使之溶解；

（3）滴加 10 滴甲基红-溴甲酚绿混合指示剂，摇匀；

（4）用配制好的 HCl 标准溶液滴定至溶液由绿色变为暗红色；

（5）煮沸 2min，冷却至室温后继续滴定至溶液再由绿色变为暗红色即为终点；

（6）记录消耗 HCl 标准溶液的体积 V_1；

（7）用 50mL 蒸馏水，按上述方法做空白实验，记录消耗盐酸的体积 V_2；

（8）平行测定 4 次。

五、数据处理

HCl 标准溶液的浓度按以下公式计算：

$$c(HCl)=\frac{1000m}{(V_1-V_2)M(\frac{1}{2}Na_2CO_3)}$$

式中　$c(HCl)$——HCl 标准溶液的浓度，mol/L；

　　　　m——基准无水 Na_2CO_3 质量，g；

　　　　V_1——滴定消耗 HCl 标准溶液的体积，mL；

　　　　V_2——空白试验消耗 HCl 标准溶液的体积，mL；

$M(\frac{1}{2}Na_2CO_3)$——以 $\frac{1}{2}Na_2CO_3$ 为基准单元的基准物 Na_2CO_3 的摩尔质量，g/mol。

记录与计算见表 1-4。

表 1-4　HCl 标准溶液标定实验数据记录表

项目	测定次数	1	2	3	4
基准物称量	倾样前质量/g				
	倾样后质量/g				
	基准物质量/g				
消耗标准溶液体积	初读数/mL				
	末读数/mL				
	消耗体积/mL				

续表

测定次数 项目	1	2	3	4
空白实验消耗体积/mL				
标准溶液浓度/(mol/L)				
标准溶液平均浓度/(mol/L)				
相对极差/%				

六、思考题

1. 以基准物 Na_2CO_3 来标定 HCl 标准溶液时，用酚酞代替甲基红-溴甲酚绿作为指示剂是否可以？为什么？

2. 指示剂的用量对标定实验是否有影响？

3. 以基准物 Na_2CO_3 来标定 HCl 标准溶液时，近终点时为什么需要加热冷却后再滴定至终点？

相关知识链接

在酸碱滴定中，有时需要将滴定终点限制在很窄的 pH 范围内，这时可采用混合指示剂。混合指示剂是由人工配制而成的，混合指示剂可有两大类：一类是由两种或两种以上的指示剂混合而成。例如溴甲酚绿（$pK_a 4.9$，黄色→蓝色）和甲基红（$pK_a 5.2$，红色→黄色），按 3∶1 混合后，使溶液在酸性条件下显酒红色（黄色＋红色），碱性条件下显绿色（蓝色＋黄色），而在 pH5.1 时二者颜色发生互补，产生灰色，使颜色在此时发生突变，变色十分敏锐，常常用于 Na_2CO_3 为基准物质标定盐酸标准溶液的浓度的。另一类是由指示剂与惰性染料（如亚甲基蓝，靛蓝二磺酸钠）组成的，其作用原理与前面讲到的一样，也是利用颜色的互补作用来提高变色的敏锐度。

▶▶ 实训 5 氢氧化钠标准溶液的配制及标定

一、实训目标

1. 掌握 NaOH 标准溶液的配制方法及标定 NaOH 标准溶液的原理与方法；
2. 熟练掌握碱式滴定管的操作方法；
3. 正确判断酚酞指示剂指示的滴定终点。

二、实训原理

市售的固体 NaOH 易吸收空气中的 CO_2 和水，生成 Na_2CO_3，Na_2CO_3 在 NaOH 饱和溶液中不易溶解，故不用直接法配制标准溶液，通常先配成饱和 NaOH 溶液，放置至 Na_2CO_3 沉淀后，量取一定量上清液，用去除 CO_2 的蒸馏水稀释至所需配制的浓度，再以邻苯二甲酸氢钾为基准物，酚酞为指示剂，进行标定。

标定碱溶液的基准物质有草酸、邻苯二甲酸氢钾、苯甲酸等，常用邻苯二甲酸氢钾作基准物，因其容易得到纯品，在空气中不吸水，容易保存。反应如下：

$$NaOH + KHC_8H_4O_4 \longrightarrow KNaC_8H_4O_4 + H_2O$$

本实训反应是强碱滴定酸式盐，化学计量点时 pH 为 9.26，故可选酚酞为指示剂，NaOH 标准溶液滴定至溶液呈粉红色时且 30s 不褪色即为滴定终点。

三、仪器与试剂

1. 仪器

托盘天平、分析天平、烧杯、试剂瓶、电炉、碱式滴定管、锥形瓶、称量瓶、量筒。

2. 试剂

固体 NaOH、基准物邻苯二甲酸氢钾、酚酞指示剂（10g/mol）。

四、实训步骤

1. 清洗仪器

2. 0.1mol/L NaOH 标准溶液的配制

用托盘天平称取 110g NaOH，溶于 100mL 无 CO_2 的水中，摇匀，倒入聚乙烯容器中，密闭放置，待溶液澄清后，用塑料吸管吸取上清液 5mL，注入盛装有一定量无 CO_2 蒸馏水的烧杯中，并稀释至 1000mL，转移至带有橡胶塞的试剂瓶中，盖好橡胶塞，贴好标签，待标定。配制不同浓度 NaOH 标准溶液所需量取 NaOH 饱和溶液体积见表 1-5。

表 1-5 NaOH 饱和溶液量取体积

NaOH 标准溶液浓度/(mol/L)	NaOH 饱和溶液量取体积/mL
1.0	52
0.5	26
0.1	5

3. 0.1mol/L NaOH 标准溶液的标定

（1）用分析天平以减量法准确称取 0.5～0.6g 于 105～110℃烘干至恒重的基准物邻苯二甲酸氢钾（精称至 0.0001g）于 250mL 锥形瓶中；

（2）加入 50mL 无 CO_2 的蒸馏水溶解；

（3）滴加 2 滴酚酞指示剂于完全溶解的邻苯二甲酸氢钾溶液中，摇匀；

（4）用待标定的 NaOH 溶液滴定至溶液呈粉红色，30s 不褪色即为滴定终点；

（5）记录消耗 NaOH 标准溶液的体积 V_1；

（6）同时做空白试验，记录消耗 NaOH 标准溶液的体积 V_2；

（7）平行测定 4 次。

五、数据处理

NaOH 标准溶液的浓度按以下公式计算:

$$c(NaOH) = \frac{m \times 1000}{(V_1 - V_2)M}$$

式中　$c(NaOH)$——NaOH 标准溶液的浓度,mol/L;

　　　　m——基准邻苯二甲酸氢钾的质量,g;

　　　　V_1——滴定消耗 NaOH 标准溶液的体积,mL;

　　　　V_2——空白试验消耗 NaOH 标准溶液的体积,mL;

　　　　M——基准邻苯二甲酸氢钾的摩尔质量,g/mol。

记录与计算见表 1-6。

表 1-6　NaOH 标准溶液标定实验数据记录表

项目	测定次数	1	2	3	4
基准物称量	倾样前质量/g				
	倾样后质量/g				
	基准物质量/g				
消耗标准溶液体积	初读数/mL				
	末读数/mL				
	消耗体积数/mL				
空白实验消耗体积/mL					
标准溶液浓度/(mol/L)					
标准溶液平均浓度/(mol/L)					
相对极差/%					

六、注意事项

1. 碱标准滴定溶液易吸收空气中的水和 CO_2,使其浓度发生变化,因此配好的 NaOH 标准滴定溶液应注意保存。

2. NaOH 标准滴定溶液侵蚀玻璃,最好用聚乙烯塑料瓶贮存。在一般情况下,可用玻璃瓶贮存碱标准滴定溶液,但要用橡胶瓶塞。

七、思考题

1. 配制 NaOH 标准滴定溶液时为什么不能用直接法配制?

2. 以邻苯二甲酸氢钾为基准物,标定 NaOH 标准滴定溶液时,所用水有什么要求?

3. 用酚酞作指示剂,滴定终点为粉红色,为什么要求 30s 不褪色?

相关知识链接

酚酞指示剂(10g/mol)的配制:将 1g 酚酞溶解于 100mL 乙醇溶液中。

实训 6　EDTA 标准溶液的配制及标定

一、实训目标

1. 掌握 EDTA 标准溶液的配制和标定方法；
2. 熟练掌握标定 EDTA 标准溶液的原理；
3. 掌握金属指示剂的应用条件及能够正确的判断滴定终点颜色变化；
4. 掌握配位滴定结果的计算。

二、实训原理

乙二胺四乙酸简称 EDTA，常用 H_4Y 表示，难溶于水，在分析中不适用，通常使用其二钠盐配制标准溶液，经提纯后的乙二胺四乙酸二钠盐可作为基准物质，直接配制标准溶液。但因提纯方法较为复杂，故配制 EDTA 标准溶液一般采用间接法。因为 EDTA 标准溶液能与大多数金属离子形成 1∶1 的稳定配合物，所以可以用含有金属离子如 Zn、ZnO、Cu、$CaCO_3$、$MgSO_4 \cdot 7H_2O$ 等为基准物质，为了使滴定条件一致，减小误差，通常选用其中与被测组分相同的物质做基准物。本实验用 ZnO 作基准物，选用铬黑 T（EBT）作指示剂，在 NH_3-NH_4Cl 缓冲溶液（pH＝10）中用 EDTA 标准溶液直接滴定至溶液由红色变为纯蓝色为终点。其反应如下：

滴定前　　　　　　　　　　$Zn + In \longrightarrow ZnIn$

　　　　　　　　　　　　（蓝色）　（红色）

终点前　　　　　　　　　　$Zn + Y \longrightarrow ZnY$

终点时　　　　　　　　　　$ZnIn + Y \longrightarrow ZnY + In$

　　　　　　　　　　（红色）　　　　　（蓝色）

三、仪器与试剂

1. 仪器

分析天平、烧杯、250mL 容量瓶、25mL 移液管、玻璃棒、表面皿、洗瓶、量筒、酸式滴定管、锥形瓶、试剂瓶、电炉。

2. 试剂

EDTA 二钠盐、基准物 ZnO、氨水、盐酸（20％）、NH_3-NH_4Cl 缓冲溶液、铬黑 T 指示剂。

四、实训步骤

1. 清洗仪器

2. 配制 0.02mol/L EDTA 标准溶液

用托盘天平称取分析纯 EDTA 二钠盐 8.0g 放置于 250mL 烧杯中，加入 100mL 蒸馏水并稍加热溶解，待溶液冷却至室温后用蒸馏水稀释至 1000mL，然后转移至试剂瓶中，摇匀，待标定。

3. 0.02mol/L EDTA 标准溶液的标定

(1) 分析天平准确称取灼烧至恒重的基准 ZnO 0.4g（精称至 0.0001g）放置于 100mL 小烧杯中，盖上表面皿；

(2) 加入少量蒸馏水润湿 ZnO；

(3) 加入 3mL 盐酸（20%）于小烧杯中，使基准 ZnO 完全溶解；

(4) 用洗瓶吹出少量蒸馏水冲洗表面皿与烧杯内壁，洗液并入烧杯中；

(5) 将 ZnO 溶液定量转移至 250mL 容量瓶中，定容，摇匀；

(6) 准确移取 25mL 定容后的 Zn^{2+} 标准溶液于 250mL 锥形瓶中，量筒量取 70mL 蒸馏水加入锥形瓶中，摇匀；

(7) 用滴管边摇边逐滴加入氨水溶液（10%）至开始出现 $Zn(OH)_2$ 浑浊（pH≈8）；

(8) 加 10mL NH_3-NH_4Cl 缓冲溶液（pH=10），摇匀；

(9) 加 5 滴铬黑 T 指示剂（5g/L），摇匀；

(10) 用配制好的 EDTA 标准溶液滴定至溶液由酒红色变为纯蓝色。记录消耗 EDTA 标准溶液的体积 V_1；

(11) 按上述方法做空白试验，记录消耗 EDTA 标准溶液的体积 V_2；

(12) 平行测定 4 次。

五、数据处理

EDTA 标准溶液的浓度按以下公式计算：

$$c(\text{EDTA}) = \frac{m \times 1000 \times \frac{25}{250}}{(V_1 - V_2)M(\text{ZnO})}$$

式中　$c(\text{EDTA})$——EDTA 标准溶液的浓度，mol/L；

m——基准物 ZnO 的质量，g；

V_1——滴定消耗 EDTA 标准溶液的体积，mL；

V_2——空白试验消耗 EDTA 标准溶液的体积，mL；

$M(\text{ZnO})$——ZnO 的摩尔质量，g/mol。

记录与计算见表 1-7。

表 1-7　EDTA 标准溶液标定实验数据记录表

项目		测定次数 1			
基准物称量	倾样前质量/g				
	倾样后质量/g				
	基准物质量/g				
消耗标准溶液体积	滴定序号				
	初读数/mL				
	末读数/mL				
	消耗体积/mL				

续表

项目 \ 测定次数	1			
空白实验消耗体积/mL				
标准溶液浓度/(mol/L)				
标准溶液平均浓度/(mol/L)				
相对极差/%				

六、注意事项

1. 在标定 EDTA 溶液时，加入 NH_3-NH_4Cl 缓冲溶液控制 pH＝10，这是由于所使用的铬黑 T 指示剂最适宜的酸度为 pH 为 9~10，在这个 pH 的条件下，铬黑 T 呈蓝色，而它与 Zn^{2+} 的配合物呈红色，色差较大，便于终点的观察。

2. 加入 NH_3-NH_4Cl 缓冲溶液后应立即滴定，不宜放置过久。

七、思考题

1. 配制 EDTA 标准溶液为什么常用乙二胺四乙酸二钠盐，而不用乙二胺四乙酸？

2. 为什么要在 ZnO 溶液中加入 HCl 溶液？

3. 为什么滴定时加入 NH_3-NH_4Cl 缓冲溶液？

相关知识链接

缓冲溶液是一种能在加入少量酸或碱和水时大大减低 pH 变动的溶液。使 pH 不发生显著变化的性质，称缓冲作用。缓冲溶液分为一般缓冲溶液和标准缓冲溶液，依照缓冲溶液的 pH 的范围不同，缓冲溶液又可分为酸式缓冲溶液和碱式缓冲溶液，一般 pH＜7 的为酸式缓冲溶液，如 HAc-NaAc 缓冲溶液等，主要有弱酸与它的弱酸盐组成；pH＞7 的为碱式缓冲溶液，如 NH_3-NH_4Cl 缓冲溶液等，主要有弱碱与它的弱碱盐组成。

▶▶ 实训 7　高锰酸钾标准溶液的配制及标定

一、实训目标

1. 掌握 $KMnO_4$ 标准溶液的配制方法；

2. 掌握 $KMnO_4$ 法基本原理；

3. 掌握 $KMnO_4$ 自身指示剂指示滴定终点的原理；

4. 掌握氧化还原滴定结果的计算。

二、实训原理

纯的 $KMnO_4$ 溶液非常稳定，市售的 $KMnO_4$ 试剂常含有少量 MnO_2 和其他杂质，如硫酸盐、氯化物及硝酸盐等；蒸馏水中也常含有少量的有机物质，他们能使 $KMnO_4$ 还原成

$MnO(OH)_2$，且还原产物能促进 $KMnO_4$ 自身分解，见光分解更快。因此，$KMnO_4$ 溶液的浓度容易改变，不能用直接法配制准确浓度的高锰酸钾标准溶液，通常先配制成近似浓度的，再进行标定。

为了使配制的 $KMnO_4$ 溶液稳定，在配制时，可称取稍多于理论量的 $KMnO_4$ 溶于蒸馏水中，加热煮沸，冷却后贮存于棕色试剂瓶中，于暗处放置数天，使可能存在于溶液中的还原性物质完全氧化，然后过滤除去析出的 MnO_2 沉淀。

标定 $KMnO_4$ 标准溶液的基准物质较多，如 As_2O_3、$H_2C_2O_4 \cdot 2H_2O$、$Na_2C_2O_4$ 和纯铁丝等。其中以 $Na_2C_2O_4$ 最常用，$Na_2C_2O_4$ 不含结晶水，不宜吸湿，宜纯制，性质稳定。用 $Na_2C_2O_4$ 标定 $KMnO_4$ 的反应为：

$$2MnO_4^- + 5C_2O_4^{2-} + 16H^+ \longrightarrow 2Mn^{2+} + 8H_2O + 10CO_2\uparrow$$

滴定终点时利用 MnO_4^- 本身的紫红色消失指示终点，称为自身指示剂。

三、仪器与试剂

1. 仪器

托盘天平、分析天平、烧杯、电炉、表面皿、四号玻璃滤锅、试剂瓶、锥形瓶、量筒、棕色酸式滴定管。

2. 试剂

固体 $KMnO_4$、基准无水 $Na_2C_2O_4$、$c(\frac{1}{2}H_2SO_4) = 3mol/L$ 的 H_2SO_4 溶液。

四、实训步骤

1. 清洗仪器

2. 配制 $c(\frac{1}{5}KMnO_4) = 0.1mol/L$ 的 $KMnO_4$ 标准溶液

用托盘天平称取 1.69g $KMnO_4$ 溶于 500mL 蒸馏水中，盖上表面皿，加热煮沸并保持沸腾状态 3min，冷却后用四号玻璃滤锅过滤，滤液贮存于棕色试剂瓶中，待标定。

3. $c(\frac{1}{5}KMnO_4) = 0.1mol/L$ 的 $KMnO_4$ 标准溶液的标定

（1）用分析天平准确称取 0.15～0.2g 于 105～110℃烘干至恒重的基准物无水 $Na_2C_2O_4$（精称至 0.0001g）于 250mL 锥形瓶中；

（2）加入 50mL 蒸馏水使之溶解，再加入 $c(\frac{1}{2}H_2SO_4) = 3mol/L$ 的 H_2SO_4 溶液 15mL；

（3）将锥形瓶中的溶液加热到开始冒蒸气约 75～85℃；

（4）停止加热，趁热立即用待标定的 $KMnO_4$ 溶液滴定；

（5）开始滴定时反应速率较慢，$KMnO_4$ 颜色消失较慢，待前一滴溶液褪色后再加第二滴，继续滴定至溶液呈粉红色，30s 不褪色即为滴定终点；

（6）记录消耗 $KMnO_4$ 标准溶液的体积 V_1；

（7）按上述方法做空白试验，记录消耗 $KMnO_4$ 标准溶液的体积 V_2；

（8）平行测定 4 次。

五、数据处理

$KMnO_4$ 标准溶液的浓度按以下公式计算：

$$c(\frac{1}{5}KMnO_4) = \frac{m(Na_2C_2O_4) \times 1000}{(V_1 - V_2)M(\frac{1}{2}Na_2C_2O_4)}$$

式中　$c(\frac{1}{5}KMnO_4)$——$KMnO_4$ 标准溶液的浓度，mol/L；

　　　　$m(Na_2C_2O_4)$——基准物 $Na_2C_2O_4$ 的质量，g；

　　　　　　V_1——滴定消耗 $KMnO_4$ 标准溶液的体积，mL；

　　　　　　V_2——空白试验消耗 $KMnO_4$ 标准溶液的体积，mL；

$M(\frac{1}{2}Na_2C_2O_4)$——以 $\frac{1}{2}Na_2C_2O_4$ 为基准单元的基准物 $Na_2C_2O_4$ 的摩尔质量，g/mol。

数据记录见表 1-8。

表 1-8　$KMnO_4$ 标准溶液标定实验数据记录表

项目	测定次数	1	2	3	4
基准物称量	倾样前质量/g				
	倾样后质量/g				
	基准物质量/g				
消耗标准溶液体积	初读数/mL				
	末读数/mL				
	消耗体积/mL				
空白试验消耗体积/mL					
标准溶液浓度/(mol/L)					
标准溶液平均浓度/(mol/L)					
相对极差/%					

六、注意事项

1. 四号玻璃滤锅在过滤 $KMnO_4$ 溶液前，应用同样浓度的 $KMnO_4$ 溶液缓缓煮沸 5min。

2. 在配制 $KMnO_4$ 溶液时，应盖上表面皿再加热与放置，以免尘埃及有机物等落入溶液中。

3. 蒸馏水中常含有少量的还原性物质，使 $KMnO_4$ 还原为 MnO_2，所以配制 $KMnO_4$ 溶液的蒸馏水应煮沸并冷却，以除去水中的还原性物质。

4. 配制好的 $KMnO_4$ 溶液应滤去沉淀后，贮存于棕色试剂瓶中，盖好瓶塞并放置于暗处保存备用，如放置时间较长时使用前应重新标定。

5. $KMnO_4$ 标准溶液应放在棕色滴定管中，由于 $KMnO_4$ 溶液颜色很深，液面凹下弧线不易看出，因此，应该从液面最高边上读数。

七、思考题

1. 配制 $KMnO_4$ 溶液时，需要加热煮沸一段时间并冷却后放置一段时间再过滤，其原因为何？

2. 配制 $KMnO_4$ 溶液时，加热与放置时为什么需要盖上表面皿？

3. 配制 $KMnO_4$ 溶液时，对所用的蒸馏水有什么要求？

4. 盛装 $KMnO_4$ 溶液过久的锥形瓶或烧杯中，会有棕色沉淀物挂于仪器内壁上，是什么？如何处理？

5. 用 $Na_2C_2O_4$ 标定 $KMnO_4$ 标准溶液时，为什么要在近滴定终点时将 $Na_2C_2O_4$ 溶液加热至 75～85℃后再继续滴定至终点？

6. $KMnO_4$ 溶液应盛装在棕色滴定管中，为什么？应当怎样读取棕色滴定管中的数值？

相关知识链接

玻璃滤锅过滤的应用范围：① 易被还原，而不能与滤纸一起灼烧的沉淀。如 AgCl 沉淀。② 不需灼烧，只需烘干即可称重的沉淀，但因滤纸烘干后，重量改变很多，不可用滤纸过滤的沉淀。

玻璃滤锅的滤板是用玻璃粉末在高温下熔结而成的。玻璃滤锅的牌号及孔径范围见表1-9。

表 1-9　玻璃滤器的牌号及孔径范围

牌号	P_{160}	P_{100}	P_{40}	P_{16}	P_{10}	P_4
滤板孔径/μm	100～160	40～100	16～40	10～16	4～10	1.6～4

分析实验中常用 P_{40} 和 P_{16} 号玻璃滤器。

阅读材料

高锰酸钾引起中毒的原因与预防

高锰酸钾是一种强烈的氧化剂，低浓度有消毒及收敛作用，高浓度有刺激和腐蚀作用。小儿中毒常因将其结晶体当做糖类误食或误饮其溶液所致；偶有在解救中毒时应用高浓度的溶液洗胃导致中毒。

高锰酸钾是消毒和洗胃时的常用药，但若超过规定量，外用消毒会烧伤伤口与黏膜；内用洗胃时［规定量为（1∶2000）～（1∶5000）浓度］，会引起胃黏膜溃疡、糜烂。如果误服高浓度高锰酸钾溶液或粉剂 3～10g，即可中毒死亡。因此，必须格外小心谨慎。

高锰酸钾中毒的预防：

1. 饮用鸡蛋清、牛奶、藕粉糊、米粥、面汤等保护胃黏膜的食物。

2. 中毒后立即服用大量稀释的维生素 C 溶液，因维生素 C 是还原剂，故为特效拮抗药。

3. 用清水或 0.5% 活性炭溶液反复多次洗胃，直至洗出的胃内容物无色为止。

▶▶ **实训 8** **硫代硫酸钠标准溶液的配制及标定**

一、实训目标

1. 掌握 NaS_2O_3 标准溶液的配制方法；
2. 熟练掌握标定 NaS_2O_3 标准溶液的原理与方法；
3. 掌握淀粉指示剂的配制方法，变色原理及淀粉指示剂用于判断碘量法的滴定终点；
4. 掌握氧化还原滴定结果的计算。

二、实训原理

碘法用的标准溶液主要有硫代硫酸钠标准溶液和碘标准溶。本实验采用硫代硫酸钠配制标准溶液。硫代硫酸钠（$Na_2S_2O_3 \cdot 5H_2O$）一般都含有少量杂质，如 S、Na_2SO_4、NaCl 等，同时还容易风化和潮解，因此不能直接配制准确浓度的溶液，先配制成近似浓度的溶液，pH 在 9～10 之间硫代硫酸钠溶液最稳定，故加入少量 Na_2CO_3，放置一定时间待溶液稳定后，再进行标定。

采用 $K_2Cr_2O_7$ 作基础物标定 $Na_2S_2O_3$ 标准溶液，在微酸性溶液中，先将基准物 $K_2Cr_2O_7$ 与过量的 KI 作用，析出定量的 I_2，用硫代硫酸钠溶液滴定至溶液近滴定终点时，加入淀粉指示剂指示滴定终点，继续滴定至溶液由蓝色变为亮绿色即为滴定终点。反应式如下：

$$Cr_2O_7^{2-} + 6I^- + 14H^+ \longrightarrow 2Cr^{3+} + 3I_2 + 7H_2O$$
$$I_2 + 2S_2O_3^{2-} \longrightarrow 2I^- + S_4O_6^{2-}$$

三、仪器与试剂

1. 仪器
托盘天平、分析天平、烧杯、试剂瓶、电炉、碘量瓶、洗瓶、量筒。

2. 试剂
固体 $Na_2S_2O_3 \cdot 5H_2O$、基准物 $K_2Cr_2O_7$、固体 KI、$c(\frac{1}{2}H_2SO_4) = 3mol/L$ 的 H_2SO_4 溶液、Na_2CO_3、淀粉指示剂（10g/L）。

四、实训步骤

1. 清洗仪器
2. $c(Na_2S_2O_3) = 0.1mol/L$ $Na_2S_2O_3$ 标准溶液的配制

用托盘天平称取 26g $Na_2S_2O_3 \cdot 5H_2O$ 或 16g 无水 $Na_2S_2O_3$ 于烧杯中，用一定量新煮沸并冷却的蒸馏水溶解。待完全溶解后，加入 0.2g 无水 Na_2CO_3，溶解后用新煮沸并冷却的蒸馏水稀释至 1000mL，保存于棕色试剂瓶中，贴好标签，放置于暗处 7～10 天后过滤，标定。

3. $c(Na_2S_2O_3) = 0.1mol/L$ $Na_2S_2O_3$ 标准溶液的标定

（1）用分析天平准确称取 0.15～0.18g 于 120℃烘干至恒重的基准物 $K_2Cr_2O_7$（精称至 0.0001g）于碘量瓶中；

（2）加入 25mL 新煮沸并冷却的蒸馏水使之溶解，再加入 2g 固体 KI 及 20mL H_2SO_4 溶液（20%），立即盖上瓶塞并摇匀；

（3）在瓶口处封以少量蒸馏水，放置于暗处 10min；

（4）取出后，打开瓶塞，用洗瓶吹出少量蒸馏水冲洗瓶塞及瓶内壁，加 150mL 新煮沸并冷却的蒸馏水；

（5）用配制好的 $Na_2S_2O_3$ 溶液滴定至溶液呈浅黄色时加 3mL 淀粉指示剂，继续滴定至溶液由蓝色变为亮绿色，30s 不褪色即为滴定终点；

（6）记录消耗 $Na_2S_2O_3$ 标准溶液的体积 V_1，同时做空白试验 V_2；

（7）平行测定 4 次。

五、数据处理

$Na_2S_2O_3$ 标准溶液的浓度按以下公式计算：

$$c(Na_2S_2O_3) = \frac{m(K_2Cr_2O_7) \times 1000}{(V_1 - V_2)M(\frac{1}{6}K_2Cr_2O_7)}$$

式中　$c(Na_2S_2O_3)$——$Na_2S_2O_3$ 标准溶液的浓度，mol/L；

　　$m(K_2Cr_2O_7)$——基准物 $K_2Cr_2O_7$ 质量，g；

　　　　V_1——滴定消耗 $Na_2S_2O_3$ 标准溶液的体积，mL；

　　　　V_2——空白试验消耗 $Na_2S_2O_3$ 标准溶液的体积，mL；

$M(\frac{1}{6}K_2Cr_2O_7)$——以 $\frac{1}{6}K_2Cr_2O_7$ 为基准单元的基准物 $K_2Cr_2O_7$ 的摩尔质量，g/mol。

六、注意事项

1. 在配制 $Na_2S_2O_3$ 溶液时，待溶液完全溶解后，需要加入少量 Na_2CO_3，使溶液呈碱性，以抑制细菌的成长，便于贮存。

2. 因 $K_2Cr_2O_7$ 与 KI 的反应进行的较慢，故应将溶液放置于暗处一定时间，约 10min，待反应完全后再加水稀释。

3. 滴定前溶液必须稀释，这样即可以降低酸度，使空气氧化 I^- 的速率减慢，又可使 $Na_2S_2O_3$ 分解作用减小，同时可降低稀释后 Cr^{3+} 的浓度，以利于终点颜色的观察。

4. 淀粉指示剂应在近终点时加入，以防止淀粉粒包裹 I_2，影响滴定终点的判断。同时，在加入淀粉指示剂前，不应剧烈摇晃溶液，以防止 I_2 挥发，加入指示剂后，应充分摇动溶液防止 I_2 吸附。

5. 到达滴定终点后，放置几分钟，溶液又会出现蓝色。这是由于 I^- 被空气氧化所引起的，不影响分析结果。

七、思考题

1. 在配制 $Na_2S_2O_3$ 溶液时，为什么要加入少量的 Na_2CO_3？

2. 以 $K_2Cr_2O_7$ 标定 $Na_2S_2O_3$ 溶液时，加入 KI 的目的是什么？并且要放置于暗处 10min 原因为何？

3. 在标定 $Na_2S_2O_3$ 溶液前，为什么需要加水稀释溶液？

4. 为什么要在到达滴定终点前加入淀粉指示剂？

5. 到达滴定终点后，溶液放置几分钟又出现蓝色，是什么原因？是否影响分析结果？

相关知识链接

碘量瓶的使用方法：

1. 检查磨口与瓶塞是否配套。

2. 沿碘量瓶内壁将有关试液缓缓注入，用少量蒸馏水冲洗碘量瓶口，盖上瓶塞。

3. 在瓶口处加液封口：在碘量瓶口处加入少量蒸馏水或其他专用试液，如碘化钾溶液，封口，以防止瓶内易挥发物质挥发损失。待反应完毕后，先轻轻松动瓶塞，将瓶口的蒸馏水或专用试液沿瓶塞与瓶口的缝隙缓缓流入碘量瓶中，以充分吸收已挥发的气体物质，防止挥发物从瓶口溢出。然后再在瓶塞和瓶口的缝隙处以少量蒸馏水冲洗瓶塞和瓶口。

4. 摇匀：在滴定时，用右手中指和无名指夹住瓶塞，用滴定时摇动锥形瓶的方法摇动碘量瓶直至到达滴定终点，在滴定过程中，瓶塞不得放下。

5. 注意事项：碘量瓶的瓶塞与碘量瓶要保持原配，不能混用，不能用于溶液的高温加热。在较低温度加热时，要将瓶塞打开，以防止瓶塞冲出或瓶子破碎。

 阅读材料

苏打、小苏打、大苏打的化学常识

1. 苏打

苏打是 Soda 的音译，化学式为 Na_2CO_3。学名碳酸钠，俗名除叫苏打外，又称纯碱或苏打粉。带有结晶水的叫水合碳酸钠。无水碳酸钠是白色粉末或细粒，易溶于水，水溶液呈碱性。它有很强的吸湿性，在空气中能吸收水分而结成硬块。在三种苏打中，碳酸钠的用途最广。它是一种十分重要的化工产品，是玻璃、肥皂、纺织、造纸、制革等工业的重要原料。冶金工业以及净化水也都用到它。它还可用于其他钠化合物的制造。

2. 小苏打

小苏打的化学式是 $NaHCO_3$，学名碳酸氢钠，俗名小苏打。小苏打是白色晶体，溶于水，水溶液呈弱碱性。在热空气中，它能缓慢分解，放出一部分二氧化碳；加热至 270℃ 时全部分解放出二氧化碳。小苏打生产和生活中有许多重要的用途。在灭

火器里，它是产生二氧化碳的原料之一；在食品工业上，它是发酵粉的一种主要原料；在制造清凉饮料时，它也是常用的一种原料；在医疗上，它是治疗胃酸过多的一种药剂。

3. 大苏打

大苏打是硫代硫酸钠的俗名，又叫海波，因带有五个结晶水（$Na_2S_2O_3 \cdot 5H_2O$），故也叫做五水硫代硫酸钠。大苏打是无色透明的晶体，易溶于水，水溶液显弱碱性。它在33℃以上的干燥空气中风化而失去结晶水。在中性、碱性溶液中较稳定，在酸性溶液中会迅速分解。大苏打具有很强的络合能力，能跟溴化银形成配合物。它可以作定影剂。大苏打还具有较强的还原性，能将氯气等物质还原。它还可以作为棉织物漂白后的脱氯剂，织物上的碘渍可用它除去。另外，大苏打还用于鞣制皮革、电镀以及由矿石中提取银等。

▶▶ 实训 9　碘标准溶液的配制及标定

一、实训目标

1. 掌握碘标准溶液的配制方法；
2. 掌握标定碘标准溶液的基本原理与方法；
3. 掌握淀粉指示剂的配制方法，变色原理及终点判断。

二、实训原理

碘是一种紫色的固体，易挥发，几乎不溶于水，但碘能溶解在碘化钾溶液中以 I_3^- 形式存在，所以只能用间接法配制。

用基准物 As_2O_3 标定（标定法）或用 $Na_2S_2O_3$ 标准溶液比较（比较法）来确定碘标准溶液的浓度。由于 As_2O_3 为剧毒物，实际工作中常用 $Na_2S_2O_3$ 标准溶液来确定 I_2 溶液的浓度，即比较法。

用 I_2 溶液滴定一定体积的 $Na_2S_2O_3$ 标准溶液，以淀粉为指示剂，滴定终点由无色变为蓝色。由 $Na_2S_2O_3$ 标准溶液的浓度和体积，计算 I_2 溶液的准确浓度。

反应为：

$$I_2 + S_2O_3^{2-} \longrightarrow 2I^- + S_4O_6^{2-}$$

三、仪器与试剂

1. 仪器

托盘天平、分析天平、烧杯、量筒、试剂瓶、电炉、碘量瓶、棕色酸式滴定管。

2. 试剂

固体碘、碘化钾、$c(Na_2S_2O_3)=0.1mol/L$ 的 $Na_2S_2O_3$ 标准溶液、淀粉指示剂（10g/L）。

四、实训步骤

1. 清洗仪器

2. $c\left(\dfrac{1}{2}I_2\right)=0.1mol/L$ 碘标准溶液的配制

用托盘天平称取碘 13g 和碘化钾 35g，溶于 100mL 蒸馏水中，溶解后稀释至 1000mL，摇匀，贮存于棕色试剂瓶中，盖好瓶塞，贴好标签后放置于暗处待标定。

3. $c\left(\dfrac{1}{2}I_2\right)=0.1mol/L$ I_2 标准溶液的标定（比较法）

（1）量取 35.00～40.00mL 配制好的碘溶液，置于碘量瓶中；

（2）加入 150mL 蒸馏水，摇匀；

（3）用 $c(Na_2S_2O_3)=0.1mol/L$ 的 $Na_2S_2O_3$ 标准溶液滴定，近终点时加入 3mL 淀粉指示剂；

（4）继续滴定至溶液蓝色消失；

（5）记录消耗 $Na_2S_2O_3$ 标准溶液的体积 V_1；

（6）同时作空白试验：量筒量取 250mL 蒸馏水，加入配制好的碘溶液 0.05mL，再加入淀粉指示剂 2mL，摇匀后用 $c(Na_2S_2O_3)=0.1mol/L$ 的 $Na_2S_2O_3$ 标准溶液滴定，至溶液蓝色消失为滴定终点。记录消耗 $Na_2S_2O_3$ 标准溶液的体积 V_2；

（7）平行测定 4 次。

五、数据处理

碘标准溶液的浓度按以下公式计算：

$$c\left(\frac{1}{2}I_2\right)=\frac{(V_1-V_2)c(Na_2S_2O_3)}{V_3-V_4}$$

式中 $c\left(\dfrac{1}{2}I_2\right)$——碘标准溶液的浓度，mol/L；

$c(Na_2S_2O_3)$——$Na_2S_2O_3$ 标准溶液的浓度，mol/L；

$\quad\quad V_1$——滴定消耗 $Na_2S_2O_3$ 标准溶液的体积，mL；

$\quad\quad V_2$——空白试验消耗 $Na_2S_2O_3$ 标准溶液的体积，mL；

$\quad\quad V_3$——碘溶液的体积，mL；

$\quad\quad V_4$——空白试验中加入碘溶液的体积，mL。

六、思考题

1. 配制 I_2 标准溶液时，为什么要加 KI？

2. I_2 溶液应装在何种滴定管中？为什么？

3. 用 I_2 标准溶液滴定 $Na_2S_2O_3$ 溶液时，为什么要在近终点时加入淀粉指示剂？

▶▶ 实训 10　硝酸银标准溶液的配制及标定

一、实训目标

1. 掌握 $AgNO_3$ 标准溶液的配制及标定方法；
2. 掌握沉淀滴定的基本原理；
3. 掌握 K_2CrO_4 指示剂终点指示原理；
4. 滴定结果的计算。

二、实训原理

$AgNO_3$ 标准溶液可用符合分析要求的 $AgNO_3$ 基准试剂直接配制。但一般 $AgNO_3$ 基准试剂常含有一定的杂质，如金属银、游离酸根等，因此，配制成的溶液需要进行标定。标定 $AgNO_3$ 溶液用莫尔法，在中性或碱性溶液中，以 NaCl 作为基准物，以 K_2CrO_4 作为指示剂，反应式如下：

$$Ag^+ + Cl^- \longrightarrow AgCl\downarrow（白色）\qquad K_{sp}=1.8\times10^{-10}$$

$$2Ag^+ + CrO_4^{2-} \longrightarrow 2AgCrO_4\downarrow（砖红色）\qquad K_{sp}=2.0\times10^{-12}$$

注意，用不含 Cl^- 的蒸馏水配制 $AgNO_3$ 溶液，配制好后贮存于棕色试剂瓶中，用黑纸包好放置于暗处，待标定。另外，基准物 NaCl 易吸潮，将其放在坩埚中于 $500\sim600℃$ 加热至没有爆鸣声为止，冷却后置于干燥器中待标定时使用。

三、仪器与试剂

1. 仪器

托盘天平、分析天平、称量瓶、烧杯、试剂瓶、锥形瓶、棕色滴定管、量筒。

2. 试剂

固体 $AgNO_3$、基准物 NaCl、K_2CrO_4 指示剂。

四、实训步骤

1. 清洗仪器

2. $c(AgNO_3)=0.1mol/L$ 的 $AgNO_3$ 标准溶液的配制

用托盘天平称取 $17gAgNO_3$ 试剂于烧杯中，用不含 Cl^- 的蒸馏水溶解后稀释至 1000mL，然后贮存于棕色试剂瓶中，盖好瓶塞并摇匀，放置于暗处，待标定。

3. $AgNO_3$ 标准溶液的标定

（1）用分析天平以减量法准确称取 $0.12\sim0.15g$ 经灼烧至恒重的基准物 NaCl（精称至 0.0001g）于 250mL 锥形瓶中，加入 70mL 水溶解；

（2）加 2mL K_2CrO_4 指示剂（50g/L）；

（3）边充分摇动边用配好的 $AgNO_3$ 标准溶液的滴定，直至溶液由黄色变为微呈砖红色即为滴定终点；

（4）记录消耗 $AgNO_3$ 标准溶液的体积 V_1，同时做空白试验 V_2；

（5）平行测定 4 次。

4.清洗仪器并整理试验台

五、数据处理

$AgNO_3$ 标准溶液的浓度按以下公式计算：

$$c(AgNO_3) = \frac{m(NaCl) \times 1000}{(V_1 - V_2)M(NaCl)}$$

式中　$c(AgNO_3)$——$AgNO_3$ 标准溶液的浓度，mol/L；

　　　　$m(NaCl)$——基准物 NaCl 的质量，g；

　　　　V_1——滴定消耗 $AgNO_3$ 标准溶液的体积，mL；

　　　　V_2——空白试验消耗 $AgNO_3$ 标准溶液的体积，mL；

　　　　$M(NaCl)$——基准物 NaCl 的摩尔质量，g/mol。

六、注意事项

1.$AgNO_3$ 溶液具有腐蚀性，使用时应避免接触到皮肤及衣服。

2.配制好的 NaCl 在滴定过程中，应充分摇动以释放出被吸附的 Cl^-，获得准确的滴定终点。

3.滴定后的含铬废液和含银盐的废液与沉淀要回收到回收瓶中。

七、思考题

1.在硝酸银标准溶液的配制及标定的实验中，对所用的蒸馏水有什么要求？

2.$AgNO_3$ 溶液在滴定时应装在什么样的滴定管中？为什么？

3.在 $AgNO_3$ 标准溶液滴定 NaCl 溶液时，应充分摇动锥形瓶中的 NaCl 溶液，为什么？如不充分摇动 NaCl 溶液，对测定结果有什么影响？

相关知识链接

酸式滴定管有无色、棕色两种。无色酸式滴定管可以盛装见光不易分解的酸性、中性、氧化性溶液。但对于需避光的滴定液需要用棕色滴定管盛装，如硝酸银滴定液、碘滴定液、高锰酸钾滴定液、亚硝酸钠滴定液、溴滴定液等。

第三节　有机分析基础实训项目

▶▶ 实训 1　初步检验

一、实训目标

通过实验学会初步区分有机物与无机物、有色有机物与无色有机物、有机金属盐与有机物、含碳量高与含碳量低的有机碳氢化合物。

二、仪器、试剂与试样

1. 仪器

坩埚钳、坩埚盖、放大镜（10倍）、表面皿（10cm）。

2. 试剂

5％盐酸、pH 试纸（广泛）。

3. 试样

乙醇、蔗糖、三氯甲烷、苯甲酸、乙酸钠、乙酸铜、苯酚、氯化钠。

三、实训步骤

1. 物态观察

用药匙取少量固体试样于表面皿上，用放大镜观察试样的结晶形状。取 2mL 液体试样于干燥试管中，观察试样是否分层、有无固体悬浮物存在。

2. 颜色观察

观察试样的颜色，注意颜色是否均匀，是单一颜色还是夹杂有其它颜色。

3. 气味审察

取少量固体试样于表面皿上，嗅其气味。取装液体试样的滴瓶，提起滴头，嗅其气味。

4. 灼烧试验

取固体试样10～20mg（液体试样3～4滴）于坩埚盖边缘上，用坩埚钳夹取坩埚盖，点燃酒精灯，用火焰灼烧试样；观察：

（1）燃烧时火焰的浓淡及颜色；

（2）有无刺激性气体逸出，若有用 pH 试纸检验其酸碱性；

（3）有无爆鸣声；

（4）是否分解或升华；

（5）是否留有残渣；留有残渣时等冷却后加 1 滴水，溶于水的用 pH 试纸检验其酸碱性；不溶于水的加 1 滴 5％盐酸，观察有无气体放出。

将实验结果记录于表 1-10 中。

表 1-10　初步检验实验记录

实验项目 \ 试样名称		乙醇	乙酸铜	苯酚	蔗糖	三氯甲烷	苯甲酸	乙酸钠	氯化钠
初步试验	物态								
	颜色								
	气味								

续表

实验项目 \ 试样名称		乙醇	乙酸铜	苯酚	蔗糖	三氯甲烷	苯甲酸	乙酸钠	氯化钠
灼烧实验	火焰浓淡及颜色								
	气体及酸碱性								
	爆鸣声								
	分解及升华								
	残渣颜色								
	残渣水溶性及酸碱性								
	残渣酸溶性及有无气体								

四、注意事项

1. 有些气味难以用语言表达，记录时可记为臭、特臭或像什么味等。

2. 用火焰灼烧试样时，对挥发性较大的试样，可将火焰对着试样上部，使其在汽化前被灼烧；灼烧时发现试样炭化，应增大火焰强烈灼烧。

五、思考题

1. 在灼烧试验中如何辨别试样分解和试样失去的结晶水这两种实验现象？

2. 举例说明初步检验的结果为未知物的下一步分析鉴定提供了哪些依据？

相关知识链接

灼烧实验中，由燃烧时的火焰可以初步识别化合物属于哪种类型。例如：

化合物类型	燃烧时火焰状况
芳烃及高度不饱和烃	火焰呈黄色，带浓烟
脂肪烃	火焰呈黄色几乎无烟
含氧化合物	火焰无色或带蓝色
卤代烃	火焰带有烟，具有刺激性
多代卤烃	一般情况下不燃烧
糖和蛋白质	燃烧时防除特别的焦味

▶▶ **实训 2**　**熔点的测定**

一、实训目标

1. 掌握毛细管法测定有机物熔点的操作；

2. 掌握温度计外露段的校正方法。

二、实训原理

纯净的物质一般都有固定的熔点或凝固点，即在一定的压力下，固液两态之间的变化温度是很敏锐的，变化温度不超过 0.5~1℃。假如该物质不纯，那么其熔点或凝固点往往较纯粹者为低，而且变化温度范围较大。因此测定熔点或凝固点不仅可以鉴定有机物的结构，而且可以判断物质的纯度。

三、仪器、试剂与试样

1. 仪器

圆底烧瓶（250mL）、内标式单球温度计、辅助温度计、试管、毛细管、橡胶塞（见图 1-21）、玻璃管、电炉、调压器、瓷板、表面皿。

2. 试剂

硅油或液体石蜡。

3. 试样

苯甲酸、萘。

图 1-21 橡胶塞

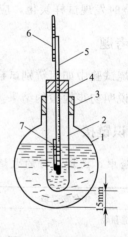

图 1-22 熔点测定装置

1—圆底烧瓶；2—试管；3，4—橡胶塞；
5—内标式单球温度计；6—辅助温度计；7—毛细管

四、实训步骤

1. 装置

将烧瓶、试管及内标式单球温度计以橡胶塞连接（见图 1-22），并将其固定于铁架台上。烧瓶中注入约为体积 3/4 的硅油，并向试管注入适量的硅油，使其液面与烧瓶中的硅油液面在同一平面上。

2. 预测定

（1）装样　取少量干燥、研细的试样于表面皿上，将试样放入清洁、干燥、一端封口的毛细管中，取一高约 800mm 的干燥玻璃管直立于瓷板上，将装有试样的毛细管投入 5~6次，直至毛细管内试样紧缩至 2~3mm 高。

（2）预测定　将已装好试样的毛细管附着于内标式单球温度计上，使试样层面与内标式单球温度计的水银球中部在同一高度，然后固定温度计于试管中，不可碰到壁管或管底，用电炉加热圆底烧瓶，使升温速度不超过 5℃/min；记录试样完全熔化时的温度，以此温度作为试样的粗熔点。

3. 测定

（1）装样　与预测定同。

（2）测定　将内标式单球温度计固定于试管中，不可触碰到管壁或管底，用电炉加热圆底烧瓶，使温度缓缓上升至粗熔点前 10～12℃，将辅助温度计附着于内标式单球温度计上，使其水银球位于内标式单球温度计露出橡胶塞的水银柱中部，把已装好试样的毛细管附着于内标式单球温度计上，使试样层面与内标式单球温度计的水银球中部在同一高度；继续加热，调节电炉炉温，使升温速度为（1±0.1）℃/min；试样局部液化（出现明显液滴）的温度作为初熔点，试样刚好完全熔化的温度作为全熔点。

五、数据处理

试样准确的熔点为测得值加上校正，计算如下：

$$t = t_1 + \Delta t_1 + \Delta t_2$$
$$\Delta t_1 = 0.00016h(t_1 - t_2)$$

式中　t——试样的准确熔点，℃；

t_1——测得的熔点，℃；

Δt_1——内标式单球温度计外露段校正值，℃；

Δt_2——内标式单球温度计本身的校正值，℃；

h——内标式单球温度计露出橡胶塞上部的水银柱高度，以温度值为单位计量，℃；

t_2——附着于 $1/2h$ 处的辅助温度计上的读数，℃。

六、注意事项

1. 试样一定要装紧，否则测得的熔点值偏低，熔距增长。试样在受热过程中，若出现发毛、收缩、软化阶段过长，说明试样质量较差。

2. 辅助温度计的水银球位置应随内标式单球温度计水银柱的上升或下降而改变。

3. 升温速度一定要控制好，不能突破，测得的熔点值才准确。

七、思考题

1. 在测定熔点的过程中，为什么温度接近熔点，升温速度要慢？

2. 为什么要进行温度计外露段的矫正？能否用分度值为 1℃ 的温度计代替内标式单球温度计测定熔点或沸点？

相关知识链接

在一定条件下，物质的固态和液态达到平衡状态相互共存时的温度，就是该物质的熔点或凝固点。物质在受热时，由固态转变为液态的过程，称为熔化。

熔 点 概 述

晶体开始融化时的温度叫做熔点。物质有晶体和非晶体，晶体有熔点，而非晶体则没有熔点。晶体又因类型不同而熔点也不同。一般来说晶体熔点从高到低排序，原子晶体＞离子晶体＞金属晶体＞分子晶体。在分子晶体中又有比较特殊的，如水、氨气等。它们的分子间因为含有氢键而不符合"同主组元素的氢化物熔点规律性变化"的规律。

熔点是一种物质的一个物理性质。物质的熔点并不是固定不变的，有两个因素对熔点影响很大。一是压强，平时所说的物质的熔点，通常是指一个大气压时的情况；如果压强变化，熔点也要发生变化。熔点随压强的变化有两种不同的情况：对于大多数物质，熔化过程是体积变大的过程，当压强增大时，这些物质的熔点要升高；对于像水这样的物质，与大多数物质不同，冰溶化成水的过程体积要缩小（金属铋、锑等也是如此），当压强增大时冰的熔点要降低。另一个就是物质中的杂质，我们平时所说的物质的熔点，通常是指纯净的物质。但在现实生活中，大部分的物质都是含有其他的物质的，比如在纯净的液态物质中熔有少量其他物质，或称为杂质，即使数量很少，物质的熔点也会有很大的变化，例如水中熔有盐，熔点就会明显下降，海水就是熔有盐的水，海水冬天结冰的温度比河水低，就是这个原因。饱和食盐水的熔点可下降到约－22℃，北方的城市在冬天下大雪时，常常往公路的积雪上撒盐，只要这时的温度高于－22℃，足够的盐总可以使冰雪溶化，这也是一个利用熔点在日常生活中的应用。

在有机化学领域中，对于纯粹的有机化合物，一般都有固定熔点。即在一定压力下，固-液两相之间的变化都是非常敏锐的，初熔至全熔的温度为 $0.5 \sim 1$℃（熔点范围或称熔距、熔程）。但如混有杂质则其熔点下降，且熔距也较长。因此熔点测定是辨认物质本性的基本手段，也是纯度测定的重要方法之一。

▶▶ 实训 3　　沸点的测定

一、实训目标

1. 掌握毛细管法测定有机物沸点的操作；
2. 掌握气压对沸点影响校正的方法。

二、实训原理

由于不同液态物质的沸点不同，如石油产品和某些有机溶剂是多种有机化合物的混合物，在加热蒸馏时没有固定的沸点，而有一个较宽的沸点范围，称为沸程或馏程。即在标准状况下（0℃，101.325kPa），对样品进行蒸馏，液体开始沸腾，第一滴馏出物流出时，蒸馏瓶内的气相温度称为始沸点（或初馏点）。蒸馏过程中蒸馏烧瓶内的最高气相温度称为干点。蒸馏终结，即馏出量达到最末一个规定的馏出百分数时，蒸馏烧瓶内的气相温度称为终沸点（或终馏点）。由始沸点到干点（或终沸点）之间的温度范围称为沸程（或馏程）。在某一温度范围内的馏出物，称为该温度范围的馏分。干点时的未馏出部分称为残留物。试样量与馏出量和残留量之差，称为蒸馏损失量。对于各种产品都根据不同的沸程数据，规定了相应的质量标准，进而可确定产品的质量。

三、仪器、试剂与试样

1. 仪器

圆底瓶（250mL）、内标式单球温度计、辅助温度计、试管、橡胶塞、沸点管外管、沸点管内管、电炉、调压器。

2. 试剂

硅油或液体石蜡。

3. 试样

丙酮、苯。

四、实训步骤

1. 装置

将烧杯、试管及内标式单球温度计以橡胶塞连接如图 1-23 所示，并将其固定于铁架台上。将烧瓶注入其体积 3/4 的硅油，并向试管中注入适量的硅油，使其液面与烧瓶硅油液面在同一高度。

2. 测定

注入 1～2 滴试样于沸点管外管中，将沸点管内管封口向上插入外管中，用橡胶圈将装好试样的沸点管附着于内标式但求温度计旁，使沸点管底部与内标式单球温度计水银球中部在同一高度如图 1-24，然后将内标式单球温度计固定于试管中，不可碰到管壁或管底，用电炉缓缓加热圆底烧瓶至有一连串小气泡快速从沸点管内逸出，停止加热，将辅助温度计附着于内标式单球温度计上，使其水银球位于内标式单球温度计露出橡胶塞的水银柱中部，让浴温自行冷却，在气泡不再从沸点管内管逸出而液体刚要进入沸点管内管得瞬间（即最后一个气泡刚欲缩回至内管中时），此时的温度即为式样的沸点。

记录室温及气压。

五、数据处理

沸点测定后，应对读数值作如下校正。

1. 气压对沸点影响的校正

按下式计算出 0℃ 的气压

$$p_0 = p_1 - \Delta p_1 + \Delta p_2$$

式中　p_0——0℃时的气压，Pa；

　　　p_1——室温时的气压，Pa；

　　　Δp_1——由室温换算成0℃气压校正值，Pa，由附录七查出；

　　　Δp_2——纬度重力校正，Pa，由附录八查出。

2. 内标式单球温度计水银柱露出橡胶塞上部分校正值（Δt_2）

$$\Delta t_2 = 0.00016h(t_1 - t_2)$$

式中　h——内标式单球温度计露出橡胶塞上部的，水银柱高度，以温度值为单位计量，℃；

　　　t_1——测得的沸点，℃；

　　　t_2——附着于1/2h处的辅助温度计上的读数，℃。

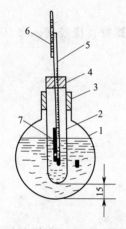

图1-23　沸点测定装置

1—圆底烧瓶；2—试管；3，4—橡胶塞；

5—内标式单球温度计；6—辅助温度计；

7—沸点管

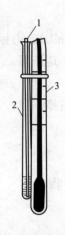

图1-24　沸点管

1—沸点管内管；2—沸点管外管；

3—内标式单球温度计

经校正后的温度 Δt_1 加上 Δt_2 和温度计本身的校正值 Δt_3 即可得到试样的沸点温度。

$$t = t_1 + \Delta t_1 + \Delta t_2 + \Delta t_3$$

六、注意事项

1. 辅助温度计的水银球位置应随内标式单球温度计水银柱的上升或下降而改变。

2. 根据0℃气压与标准气压之差数及标准中规定的沸点温度从附录九查出相应的温度校正值 Δt_1，当0℃和气压高于1013.25 hPa时，自测得温度加上此校正值，反之则减。

七、思考题

1. 毛细管法测沸点有什么优点？适用于什么试样？

2. 测沸点时，升温速度的快慢对测定结果有何影响？

相关知识链接

液态物质在标准大气压下沸腾时的温度称为该物质的沸点。纯液态物质在一定压力下都有固定的沸点，一般沸点范围不超过 1～2℃，如果液态物质含有杂质则沸点范围将增大，因此沸点也是判断物质纯度的指标之一。

▶▶ 实训 4　密度的测定（密度瓶法）

一、实训目标

掌握密度瓶法测定液态有机物密度的操作。

二、实训原理

密度瓶法是通过测出样品的质量和密度瓶体积，从而确定物质密度的方法。在 20℃时，分别测定充满同一密度瓶的水及样品的质量，由水的质量可确定密度瓶的容积即样品的体积，根据样品的质量和体积即可计算其密度。

三、仪器与试样

1. 仪器

密度瓶（见图 1-25）、红外线快速干燥仪、恒温水浴（浴温 20.0℃±0.1℃）。

2. 试样

丙三醇或乙二醇。

四、实验步骤

洗净密度瓶并放入红外线快速干燥仪烘烤干燥（带温度计的塞子不要烘烤），冷至室温后，带塞准确称量。用新煮沸并冷却至约 20℃的蒸馏水注满密度瓶（不得带入气泡），装好后立即侵入 20.0℃±0.1℃的恒温水浴中，恒温 20min 后取出，用滤纸除去溢出毛细管的水，擦干后立即准确称量。将密度瓶里的水倾出，清洗、干燥密度瓶后带塞准确称量。以约 20℃的试样代替水，同上操作。

五、数据处理

试样的密度按下式计算：

$$\rho = \frac{m_1 + A}{m_2 + A} \times \rho_0$$

$$A = \rho_a \times \frac{m_2}{0.9970}$$

式中　m_1——20℃时充满密度瓶的试样质量，g；

　　　m_2——20℃时充满密度瓶的蒸馏水质量，g；

　　　ρ_0——20℃时蒸馏水的密度，g/mL（$\rho_0 = 0.9982$）；

　　　A——空气浮力校正值，g；

ρ_a——干燥空气在 20℃，1013.25hPa 时的密度，g/mL（$\rho_a = 0.0012$g/mL）；

0.9970——$\rho_0 - \rho_a$，g/mL。

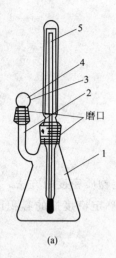

(a)

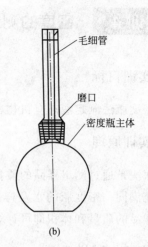

(b)

图 1-25 密度瓶
1—密度瓶主体；2—侧管；3—侧孔；4—罩；5—温度计

通常情况下 A 值的影响很小，可忽略不计。

六、注意事项

因天平箱内的湿度是恒定的，水和液态有机物都有一定的挥发度，因此称量操作应迅速，待读数基本恒定后即可记录。

七、思考题

密度瓶法能否用来测定乙醇的密度？为什么？

相关知识链接

物质的密度是指在一定的温度和压力下单位体积内所含物质的质量，用符号 ρ 表示，单位是 g/cm^3、kg/m^3、kg/L 和 g/mL。国家标准规定液态产品密度的标准测定温度为 20℃。

密度是衡量物质纯度的重要物理常数，因此可根据密度这样的一个简便的测定方法估计一些产品的纯度。

▶▶ 实训 5　密度的测定（韦氏天平法）

一、实训目标

1. 掌握韦氏天平测定液态有机物密度的操作；
2. 了解韦氏天平的维护与保养方法。

二、实训原理

韦氏天平法测定密度的基本原理也是依据阿基米德定律。在 20℃时，分别测量同一物体（玻璃浮锤）在水及样品中的浮力，由于玻璃浮锤所排开的水的体积与所排开样品的体积相同，所以根据水的密度及浮锤在水与样品中的浮力，即可计算出液体样品的密度。

三、仪器、试剂与试样

1. 仪器

韦氏天平（PZ-A-5 型，见图 1-26）、恒温水浴（浴温 20.0℃±0.1℃）、电吹风。

2. 试剂

乙醇（95%）。

3. 试样

丙酮、四氯化碳。

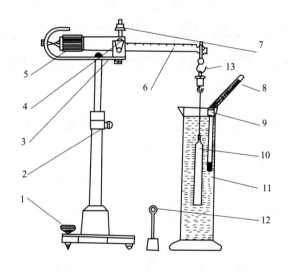

图 1-26 韦氏天平

1—水平调节螺丝钉；2—支柱紧定螺钉；3—托架；

4—玛瑙刀座；5—平衡调节器；6—横梁；

7—重心调节器；8—弯头温度表；9—温度表夹；

10—浮锤；11—玻璃量筒；12—等重砝码；13—钩环

四、实训步骤

1. 安装韦氏天平

用干净绒布条擦净韦氏天平的各个部件，放置天平支柱于稳固的平台上，周围不得有强力磁源及腐蚀性气体，不得有强气流。

旋松支柱紧定螺钉，安放托架至适当高度，旋紧固定螺钉；将天平横梁置于玛瑙刀座上，钩环置于天平横梁右端刀口上，然后将等重砝码挂在钩环上，调整水平调节螺钉使横梁指针与托架指针尖成水平线，以示平衡。若无法调节平衡时，则用螺丝刀将平衡调节器上的定位小螺钉松开，微微转动平衡调节器，使天平平衡；旋紧平衡调节器上的定位小螺钉，在测定过程中严防松动。

取下等重砝码，换上浮锤，此时天平仍应保持平衡，允许有±0.0005g的误差。

2. 测定

向玻璃筒缓慢注入预先煮沸并冷却至约20℃的蒸馏水，将浮锤全部侵入水中，不得带入气泡，浮锤不得与筒壁和筒底接触，把玻璃筒置于20.0℃±0.1℃的恒温水浴中，恒温20min以上，然后由大到小把骑码加在天平横梁的V形槽上，是天平平衡，记录读数。

天平横梁的V形槽与各种骑码的关系皆为十进位。韦氏密度天平读数如下：

骑码号数与名义值	放在第十位的读数值	放在第八位的读数值	放在第六位的读数值	放在第四位的读数值	放在第二位的读数值
1号 5g	1g	0.8g	0.6g	0.4g	0.2g
2号 500mg	0.1g	0.08g	0.06g	0.04g	0.02g
3号 50mg	0.01g	0.008g	0.006g	0.004g	0.002g
4号 5mg	0.001g	0.0008g	0.0006g	0.0004g	0.0004g

取出浮锤，将玻璃筒的水倾出，玻璃筒及浮锤用95%乙醇洗涤后用电吹风吹干；以试样代替水同上操作。

3. 拆卸韦氏天平

测定结束后按从上到下的顺序拆卸天平，拆卸后用干净绒布条擦净天平各个部件，待干燥后装箱。

五、数据处理

试样的密度按下式计算：

$$\rho = \frac{\rho_2}{\rho_1} \times \rho_0$$

式中　ρ_1——浮锤侵入水中时骑码的读数，g；

　　　ρ_2——浮锤侵入试样中时骑码的读数，g；

　　　ρ_0——20℃时水的密度，g/mL。（$\rho_0 = 0.9982g/mL$）

六、注意事项

1. 天平要定期进行清洁工作和计量性能检查检定，当发现天平失真或有疑问时，在未消除故障前应停止使用，待修理检定合格后方可使用。

2. 当天平要移动时，应把易于分离的零件、部分及横梁等卸下，以免损坏刀子。

3. 取用浮锤时必须十分小心，轻取轻放；放上或取下时应用右手持镊子夹住金属丝，左手垫绒布或干净纸托住浮锤。

4. 换上浮锤后，天平不能保持平衡可能是安装方法不正确或天平本身有故障，应及时报告实验教师处理。

七、思考题

1. 浮锤的金属丝折断后能否任意用一根金属丝连接上？为什么？
2. 等重砝码的质量、体积是否与浮锤的质量、体积相等？

相关知识链接

在实际工作中还会遇到相对密度，它是指 20℃时物质的质量与 4℃时等体积纯水的质量之比，符号为 ρ_4^{20} 表示，无单位。不同温度下水的密度见表 1-11。

表 1-11 不同温度下水的密度   单位：g/cm³

温度/℃	密度	温度/℃	密度	温度/℃	密度	温度/℃	密度
0	0.9987	15	0.99913	19	0.99843	23	0.99756
4	1.00000	16	0.99879	20	0.99823	24	0.99732
5	0.99993	17	0.99880	21	0.99802	25	0.99707
10	0.99973	18	0.99862	22	0.99779	26	0.99567

▶▶ 实训 6　折射率的测定

一、实训目标

1. 掌握阿贝折光仪测定有机物折射率的操作；
2. 了解阿贝折光仪的维护与保养方法。

二、实训原理

每种纯物质都有固定的折射率，两种折射率不同的物质混合后其折射率具有加和性。例如，纯水的折射率是 1.333，糖类的折射率约是 1.54，不同浓度的糖溶液，其折射率在二者之间，因此通过测定折射率，可以测定溶液中糖的浓度。

三、仪器、试剂与试样

1. 仪器
阿贝折光仪（见图 1-27）、超级恒温水浴（501 型）。
2. 试剂
乙醇（95%）、镜头纸或医用棉。
3. 试样
丙酮、10%蔗糖液。

四、实训步骤

1. 清洗折光仪棱镜表面
放置折光仪于光线充足的位置，与恒温水浴连接，将折光仪棱镜的温度调至 20.0℃ ±

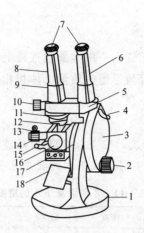

图 1-27 阿贝折光仪

1—底座；2—棱镜转动手轮；3—圆盘组；4—小反光镜；5—支架；6—读数镜筒；

7—目镜；8—望远镜筒；9—示值调节螺钉；10—阿米西棱镜手轮；

11—色散值刻度盘；12—棱镜锁紧扳手；13—棱镜组；14—温度计座；

15—恒温器接头；16—保护罩；17—主轴；18—反光镜

0.1℃；分开两面棱镜，用数滴 95％乙醇清洗棱镜表面，再用镜头纸将乙醇吸干，清洗过程完毕。

2. 校正

用吸管向棱镜表面注入数滴约 20℃的二次蒸馏水，立即闭合棱镜并旋紧，待棱镜温度计读数恢复到 20.0℃±0.1℃时，调节棱镜转动手轮至读数盘读数为 1.3333，观察视场明暗分界线是否在十字线上（若视场有彩虹则转动补偿器旋钮消除），如视场明暗分界线不在十字线上则调节示值调节螺钉使明暗分界线在十字线上（见图 1-28），取出示值调节螺钉，校正结束。

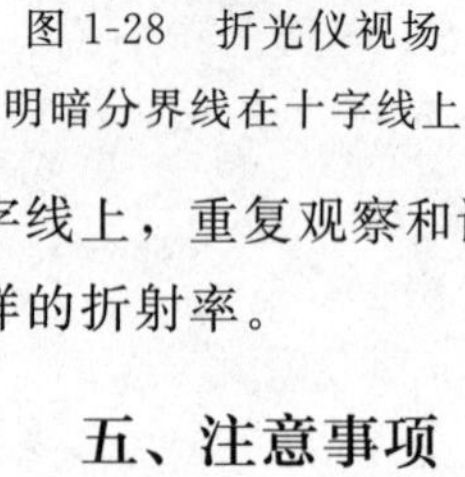

3. 测定

分开两面棱镜，用 95％乙醇清洗棱镜表面，然后注入数滴约 20℃的试样于棱镜表面，立即闭合棱镜并旋紧，使试样均匀、无气泡并充满视场，待棱镜温度计读数恢复到 20.0℃±0.1℃时，调节棱镜转动手轮至视场分为明暗两部分，转动补偿器旋钮消除彩虹，并使明暗分界线清晰，继续调节棱镜转动手轮使明暗分界线在十字线上，记录读数，准至小数点后四位；轮流从一边再从另一边将分界线对准十字线上，重复观察和记录三次，读数间的差数不得大于 0.0003，所得读数的平均值即为式样的折射率。

图 1-28 折光仪视场
明暗分界线在十字线上

五、注意事项

1. 折光仪应放置于干燥、空气流通的室内，防止受潮；因为受潮后光学零件容易发霉。

2. 折光仪使用完毕后必须做好清洁工作，并放入箱内，箱内应贮有干燥剂，防止湿气及灰尘侵入。

3. 经常保持折光仪清洁，严禁油手或汗手触及光学零件，如光学零件表面有灰尘，可用高级麂皮或脱脂棉轻擦后，晾干。如光学零件表面有油垢，可用脱脂棉蘸少许汽油轻擦，然后用乙醇擦净。

4. 折光仪应避免强烈振动或撞击，以防止光学零件损坏及影响精度。

六、思考题

1. 有一瓶分析纯无水乙醇，标签上表明其折射率 $n_D^t = 1.3611$，试问能否用它来校正折光仪？

2. 实验室没有超级恒温水浴，只有普通恒温水浴，试问这样的恒温条件能否准确测出试样的折射率？

相关知识链接

折射能力的大小用折射率表示。不同物质对光的折射能力不同，这是由于物质的分子结构不同，因此测定折射率对于物质的定性和纯度测定都有重要意义。

折射率不仅与物质的结构有关，而且与温度、光线波长等因素有关，因此表示折射率时必须注明光源波长和测定温度。折射率用符号 n_D^t 表示，其中 t 为测定时的温度，一般规定为 20℃，D 为黄色钠光，波长为 589.0～589.6nm。

阅读材料

折射率简介

折射率是有机化合物最重要的物理常数之一，它能精确而方便地测定出来，作为液体物质纯度的标准，它比沸点更为可靠。利用折射率，可鉴定未知化合物。如果一个化合物是纯的，那么就可以根据所测得的折射率排除考虑中的其它化合物。而识别出这个未知物来。

折射率也用于确定液体混合物的组成。在蒸馏两种或两种以上的液体混合物且当各组分的沸点彼此接近时，就可利用折射率来确定馏分的组成。因为当组分的结构相似和极性较小时，混合物的折射率和物质的量组成之间常呈线性关系。例如，由 1mol 四氯化碳和 1mol 甲苯组成的混合物，为 1.4822，而纯甲苯和纯四氯化碳在同一温度下分别为 1.4944 和 1.4651。所以，要分馏此混合物时，就可利用这一线性关系求得馏分的组成。

物质的折射率不但与它的结构和光线波长有关，而且也受温度、压力等因素的影响。所以折射率的表示须注明所用的光线和测定时的温度，常用 n 表示。D 是以钠灯的 D 线（5839 埃）作光源，t 是与折射率相对应的温度。例如，表示 20℃ 时，该介质对钠灯的 D 线的折射率。由于通常大气压的变化，对折射率的影响不显著，所以只在很精密的工作中，才考虑压力的影响。一般地说，当温度增高一度时，液体有机化合物的折射率就减小 $3.5 \times 10^{-4} \sim 5.5 \times 10^{-4}$。某些液体，特别是测求折射率的温度与其沸点相近时，其温度系数可达 7×10^{-4}。在实际工作中，往往把某一温度下测定的折射率换算成另一温度下的折射率。为了便于计算，一般用 4×10^{-4} 为温度变化常数。这个粗略计算所得的数值可能略有误差。但却有参考价值。

▶▶ 实训 7　比旋光度的测定

一、实训目标

1. 掌握旋光仪测定有机物比旋光度的操作；
2. 了解旋光仪的维护与保养方法。

二、实训原理

物质在其他浓度 (c)，或液层厚度 (L) 条件下测定的旋光度 $\left([\alpha]_{\mathrm{D}}^{t}\right)$ 可通过以下公式换算成比旋光度：

$$\text{纯液体的比旋光度} = [\alpha]_{\mathrm{D}}^{20} = \frac{[\alpha]_{\mathrm{D}}^{t}}{L\rho}$$

$$\text{溶液的比旋光度} = [\alpha]_{\mathrm{D}}^{20} = \frac{[\alpha]_{\mathrm{D}}^{t}}{Lc}$$

三、仪器、试剂与试样

1. 仪器

旋光仪（WXG-4 型，见图 1-29）、容量瓶、恒温水浴（浴温 20℃±0.5℃）、烧杯。

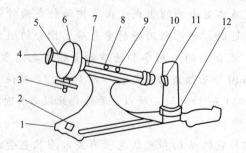

图 1-29　旋光仪

1—底座；2—电源开关；3—刻度盘转动手轮；4—放大镜座；

5—视度调节螺旋；6—刻度盘游表；7—镜筒；8—镜筒盖；

9—镜盖手柄；10—镜盖连接圈；11—灯罩；12—灯座

2. 试剂

氨水（浓）。

3. 试样

葡萄糖溶液：准确称取 5g（准确至小数点后四位）葡萄糖于 150mL 烧杯中，加入 50mL 水和 0.2mL 浓氨水溶解，放置 30min 后，将溶液转入 100mL 容量瓶中，以水稀释至刻度。然后将容量瓶放入 20℃±0.5℃的恒温水浴中恒温。

四、实训步骤

1. 旋光仪零点的校正

将旋光仪接于 220V 的交流电源，开启仪器电源开关，约 5min 后钠光灯发灯正常，开始进行零点校正。

取一支长度为 1dm 的旋光管，洗净后注满 20℃±0.5℃的蒸馏水，装上橡皮圈，旋紧螺帽，直至不漏水为止（把旋光管内的气泡排至旋光管的凸出部分）。将旋光管放入镜筒内，调节目镜使视场明亮清晰，然后轻轻缓慢地转动刻度盘转动手轮，使刻度盘在零点附近以顺时针或逆时针方向转动至视场三部分亮度一致，记下刻度盘读数，准至 0.05；刻度盘以顺时针方向转动为右旋，读数记为正数；刻度盘以逆时针方向转动为左旋，读数记为负数，数值等于 180 减去刻度盘读数值。在旋转刻度盘转动手轮，使视场明暗分界后，在旋至视场三部分亮度一致；如此重复操作记录三次，取平均值作为零点。

2. 测定

将旋光管中的水倾出，用试样液淌洗两遍旋光管，然后注满 20℃±0.5℃的试样液，装上橡胶圈，旋紧螺帽，用绒布擦净溢出管外的试样液，将旋光管放入镜筒内，转动刻度盘转动手轮，是刻度盘以顺时针方向缓缓转动至视场三部分亮度一致，记下刻度盘读数，准至 0.05；在旋转刻度盘转动手轮，使视场明暗分界后，在旋转至视场三部分亮度一致；如此重复操作记录三次，取平均值作为旋光度。

五、数据处理

葡萄糖的比旋光度按下式计算

$$[\alpha]_D^{20} = \frac{100\alpha}{Lc} \qquad \alpha = \alpha_1 + \alpha_0$$

式中　$[\alpha]_D^{20}$——20℃时试样的比旋光度，度；

　　　α——经零点校正后试样的旋光度，度；

　　　L——旋光管的长度，dm；

　　　c——每 100mL 试样液中含有式样的克数，g/100mL；

　　　α_1——试样的旋光度，度；

　　　α_0——零点校正值，度。

六、注意事项

1. 旋光仪应放在通风、干燥和温度适宜的地方，以免仪器受潮发霉。

2. 旋光仪连续使用时间不宜超过 4h，如使用时间较长，中间应关熄 10～15min，待钠灯光冷却后再继续使用；或用电风扇吹，减少灯管受热程度，以免亮度下降和寿命降低。

3. 旋光管用后要及时将溶液倒出，用蒸馏水洗涤擦净、擦干；所有镜片均不能用手直接擦，应用柔软绒布擦。

4. 旋光仪停用时，应将塑料套套上，放入干燥剂，装箱时，应按固定位置放入箱内并压紧。

5. 不论是校正仪器零点还是测定试样，旋转刻度盘只能是极其缓慢，才能观察到视场亮度的变化，通常零点校正的绝对值在 1°以内，视场亮度一致的判断：当视场亮度一致时见图 1-30(c)，极轻微的旋动刻度盘，视场出现图 1-30(a) 或图 1-30(b) 的图像。如不是这样就不能视为视场亮度一致。

6. 旋光仪采用双游标读数，以消除度盘的偏心差；度盘分 360 格，每格为 1°，游标分 20 格，等于度盘 19 格，用游标读数刻度到 0.05°。图 1-31 的读数为右旋 9.3°。

7. 因葡萄糖为右旋性物质，故以顺时针方向旋转刻度盘。若未知试样的旋光性，应先确定其旋光性方向后，在进行测定。此外，试样液必须清晰透明，如出现浑浊或有悬浮物时，必须处理成清液后测定。

8. 如零点校正为正值，试样是右旋性的，则 $\alpha = \alpha_1 - \alpha_0$；试样是左旋性的，则 $\alpha = \alpha_1 + \alpha_0$。如零点校正值为负值，试样是右旋性的，则 $\alpha = \alpha_1 + |\alpha_0|$；试样是左旋性的，则 $\alpha = \alpha_1 - |\alpha_0|$。

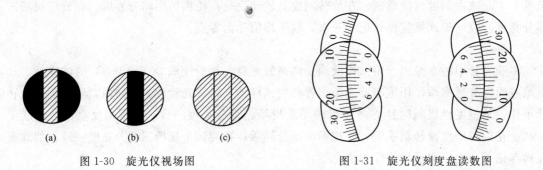

图 1-30　旋光仪视场图　　　　　　图 1-31　旋光仪刻度盘读数图

七、思考题

1. 配制葡萄糖试液时，为什么要加氨水？

2. 在旋光仪上怎样判断试样的旋光性方向？即试样是右旋、还是左旋？

相关知识链接

在有机化合物分子中，如果与碳原子直接相连的四个原子或原子团是完全不相同的，则这个有机化合物就是不对称化合物，当有机化合物分子中含有不对称碳原子时，就表现出具有旋光性。例如蔗糖、乳糖、氨基酸等数万种物质都具有旋光性，可以称为旋光性物质。

国家标准规定，液体（或溶液）的密度（或浓度）为 1g/mL，液层的厚度为 1dm，温度为 20℃，以黄色钠光 D 线为光源测定的旋光度称为比旋光度，用符号 $[\alpha]_D^{20}$ 表示，单位为度（°）。同时用括号注明所用的溶剂。若为右旋，则 $[\alpha]_D^{20}$ 值为正；若为左旋，则 $[\alpha]_D^{20}$ 值为负。

▶▶ 实训 8 　 元素定性分析

一、实训目标

1. 掌握钠熔法分解有机式样的操作；
2. 掌握氮、硫、卤素的单独鉴定和混合物分离鉴定。

二、仪器、试剂与试样

1. 仪器

瓷蒸发皿、漏斗。

2. 试剂

金属钠、硝酸溶液（4mol/L）、盐酸溶液（2mol/L）硫酸溶液（3mol/L）、乙酸溶液（10%）、乙酸铅溶液（5%）、氢氧化钠溶液（10%）、氟化钾溶液（30%）、氯化铁溶液（5%）、硝酸银溶液（10%）、硫酸亚铁溶液（5%）、四氯化碳、过硫酸铵、亚硝酸铁氰化钠、新制氯水、乙酸铜-联苯胺试剂。

乙酸铜-联苯胺试剂的配制：取 0.15g 联苯胺溶于 100mL 热水中，加 3～4 滴冰乙酸搅拌均匀配成 A 液；取 0.3g 乙酸铜溶于 100mL 水中配成 B 液；将 A 液与 B 液分别贮存在棕色瓶中，使用前临时以等体积混合。

3. 试样

2,4-二硝基苯、对氨基苯磺酸、氯苯-溴苯-碘仿（或正碘丁烷）的混合物。

三、实训步骤

1. 试液制备

用镊子去存与煤油中的金属钠一小块放在滤纸上，吸干煤油后用剪刀将钠剪成约 50mg（豌豆大小）的颗粒，取一粒与清洁干燥的试管底部。

用试管夹夹住试管上端 1/3 处，用酒精灯加热试管，待钠蒸气充满试管下半部时，迅速加入 20～30mg 试样（液样 2 滴），强热 2～3min，立即将试管侵入盛有 10mL 水的瓷蒸发皿中，试管底部当即骤冷而破裂（不破者敲破）；将试液煮沸、过滤、滤渣用 5mL 水洗涤一次，合并洗液得约 20mL 无色或淡黄色清液，用作以下鉴定试验。

2. 鉴定

（1）氮的鉴定

① 普鲁士蓝试验。取 2mL 试液于试管中，加 5 滴 5%硫酸亚铁溶液 5 滴 10%氢氧化钠溶液和 2 滴 30%氟化钾溶液，将溶液煮沸，冷却后加 3mol/L 硫酸溶液至氢氧化铁沉淀溶解，然后加 2 滴 5%氯化铁溶液，有普鲁士蓝析出表明试样含有氮元素。

② 乙酸铜-联苯胺试验。取 1mL 试液于试管中，加 5～6 滴 10%乙酸溶液、数滴乙酸-联苯胺试剂，摇动；溶液有蓝色或蓝色沉淀生成表明试样含氮元素。若试液有硫离子应加乙

酸铅溶液，将硫离子去除后取上层清液进行试验。

（2）硫的鉴定

① 硫化铅试验。取 1mL 试液于试管中，加数滴 10％乙酸溶液酸化，加 3 滴 5％乙酸铅溶液，有黑褐色沉淀生成表明试样含硫元素。若得白色或灰色沉淀表明酸化不够，须再加入乙酸后观察。

② 亚硝酰铁氰化钠试验。取 1mL 试液于试管中，加一小粒亚硝酰铁氰化钠，摇动；有红色化合物生成表明试样含硫元素。

（3）硫、氮同时鉴定——氯化铁试验　取 1mL 试液于试管中，加数滴 2mol/L 盐酸溶液酸化，加 1 滴 5％氯化铁溶液，有红色配合物生成表明试样同时含氮、硫元素。

（4）卤素的鉴定——卤化银试验　取 4mL 试液于试管中，加数滴 4mol/L 硝酸溶液酸化并在痛风橱内煮沸数分钟以除去硫化氢和氰化氢（无氮、硫则免去此步），加 2 滴 10％硝酸银溶液有沉淀生成，表明试样含有卤素。

（5）氯、溴、碘的分别鉴定

① 溴、碘的鉴定——氯水试验。取 2mL 试液于试管中，加数滴 4mol/L 硝酸溶液酸化（有氮、硫应在通风橱内煮沸除去），加 1mL 四氯化碳，逐滴加入新制氯水，每次加入后要摇动；四氯化碳层呈现紫红色表明试样含碘元素。继续滴加氯水，直至四氯化碳层碘的紫色消失，再加几滴，剧烈摇动，四氯化碳层呈现黄色或红棕色表明试样含溴元素。

② 氯的鉴定——氯化银试验。取 2mL 试液于试管中，加 2mL 浓硫酸及 0.5g 过硫酸铵，在通风橱内煮沸数分钟以除去溴、碘；取清液于另一试管，加 1 滴 10％硝酸银溶液和 2 滴 4mol/L 硝酸溶液，有白色沉淀生成表明试样含氯元素。

四、注意事项

1. 钠熔时试管不能对着人，试管必须干燥！用钠量必须按规定！

2. 试液颜色很深或试液有强烈的刺激气味，说明试样未分解完全，应重新制备试液。

3. 有时无普鲁士蓝产生是因为酸化不够，应多加几滴硫酸后观察。沉淀很少不易观察时应过滤，检查滤纸上有无蓝色沉淀；如只得一蓝色或绿色溶液，可能是试样未分解好，应重新制备试液。

4. 制备试液时，用钠量少，则氮、硫常以硫氰根（SCN^-）形式存在，当氮、硫鉴定均得到负性结果时，必须进行此试验。

5. 溶液若呈浑浊，可能是试剂中存在杂质或未赶尽氰化氢；遇此现象应同时作一空白试验进行对照。

6. 碘、溴同时存在，且碘含量较多时，常使溴不易检出，此时可用吸管吸去碘的四氯化碳层，再加入纯净的四氯化碳和氯水振荡，如仍有碘的紫色再吸去直至碘完全被萃取尽，然后加纯净的四氯化碳数滴，逐滴加入氯水，如四氯化碳层变为黄色或红棕色表明试样含溴。

五、思考题

在进行元素鉴定时下列现象如何解释?

1. 试液加硝酸银溶液,产生棕黑色沉淀;

2. 含氮不含卤的试样其试液经酸化后加硝酸银溶液产生白色沉淀;

3. 含氮试样的试液,做普鲁士蓝鉴定时,当亚硫酸铁反应完毕,试液经酸化后加氯化铁以前即出现蓝色。

相关知识链接

钠熔法,定性鉴定有机化合物所含元素(氮、卤素、硫)的方法。把少量有机化合物样品与一小块金属钠一起加热熔融,使有机化合物完全分解,如果有机化合物中含有氮、卤素、硫等元素则分别生成氰化钠、卤化钠和硫化钠等;这些阴离子可用一般无机定性分析方法鉴别,由存在阴离子推断有机化合物所含元素。例如,在熔融后浸出的溶液中加入几滴醋酸铅溶液,若生成黑色硫化铅沉淀就证明有机化合物中含有硫元素。同样利用亚铁盐与$[Fe(CN)_6]^{3-}$生成普鲁士蓝证明样品中含有氮元素;硝酸银溶液与卤素离子生成卤化银沉淀,证明样品中含有卤素。

▶▶ 实训9 溶度试验

一、实训目标

掌握用不同溶剂对有机物进行分组的方法。

二、仪器、试剂与试样

1. 仪器
水浴。

2. 试剂
乙醚、氢氧化钠溶液、5%碳酸氢钠溶液、5%盐酸溶液、浓硫酸溶液、石蕊试液。

3. 试样
石蜡、苯甲酸、丙酮、α-萘酚、苯胺、苯甲醛、蔗糖、2,4-二硝基氯苯、蒽醌。

三、实训步骤

取30mg固体试样(液体试样1滴)和1mL溶剂于清洁、干燥的试管中,充分摇动,试样在溶剂中全部溶解记为"+";试样与溶剂作用放出热量、颜色变化、沉淀、气体等现象为分组方便也算溶解记为"+"。反之为不溶解记为"—"。

依次用水、乙醚、5%氢氧化钠溶液、5%碳酸氢钠溶液、5%盐酸溶液、浓硫酸为溶剂进行试验,将实验结果填入表1-12溶度试验实验记录。

表 1-12　溶度试验实验记录

试样	结构式或分子式	溶解行为						组别
		水	乙醚	5%NaOH	5%NaHCO₃	5%HCl	浓 H₂SO₄	
苯甲酸	⬡—COOH							
α-萘酚	(萘-OH)							
丙酮	CH_3COCH_3							
蔗糖	$C_{12}H_{22}O_{12}$							
苯胺	⬡—NH₂							
苯甲醛	⬡—CHO							
2,4-二硝基氯苯	(Cl, NO₂, NO₂-苯)							
蒽醌	(蒽醌结构)							
石蜡								

四、注意事项

1. 试验时溶剂必须按规定顺序进行，不得前后颠倒，当试样找到溶度组后一般不再试验在其它溶剂中的溶度。

2. 进行溶度试验一般不能加热，用水进行试验时可在水浴中温热几分钟，冷却至室温后在进行观察。溶于水的试样应加 0.1% 石蕊以检验其酸碱性。

3. 对于已确定为 A_1 组或 A_2 组的试样还应试验其在盐酸中的溶度，以便判断试样是否为两性化合物。

4. 在进行溶度试验时应记住试样所含的元素，例如，一个含硫、氮不溶于水的中性化合物就不必进行浓硫酸试验；不含氮的不溶于水的化合物一般不进行盐酸试验。

5. 对某一试样不能确定其是否溶解时，应准确称量配成 3% 的溶液进行观察作出结论。

五、思考题

1. 进行溶度试验为什么不能加热？

2. 溶度与溶解度是否为同一概念？

相关知识链接

采用较多的是溶度分组法。该方法根据化合物在某些极性或非极性以及酸性或碱性溶剂中的溶解行为来分组。试样都很简单，且只需少量未知物。通过溶度试验能揭示该化合物究竟是强碱（胺）、强酸（羧酸）、弱酸（酚），还是中性化合物（醛、酮、醇、酯、醚），这对于测定未知物中存在的主要官能团的性质是极其重要的。所以每个未知物都应做溶度试验。常用溶剂有：5％HCl、浓 H_2SO_4、5％NaOH、5％$NaHCO_3$、水、乙醚。

▶▶ 实训 10　官能团的检验

一、实训目标

1. 掌握不饱和烃和有机卤官能团的检验方法；
2. 熟悉不饱和烃和有机卤官能团的特征反应。

二、实训项目

1. 不饱和烃的检验

以香油、汽油、苯酚、桂皮酸、苯为试样进行（1）、（2）试验。

（1）溴-四氯化碳试验

① 试剂：溴-四氯化碳溶液（1％）、四氯化碳。

② 实训步骤：取 30mg 试样（液样 2 滴）于干燥试管中，加 0.5mL 四氯化碳，待试样溶解后逐滴加入 1％溴-四氯化碳溶液，边加边摇；溴的颜色不断褪去表明试样为不饱和化合物。

（2）高锰酸钾试验

① 试剂：高锰酸钾液（1％）、丙酮。

② 实训步骤：取 30mg 试样（液样 2 滴）于试管中，加 1mL 水（不溶于水的试样用 1mL 无丙醇的丙酮溶解），待试样溶解后，逐滴加入 1％高锰酸钾溶液，边加边摇，高锰酸钾加入量超过 0.5mL 仍不出现紫色表明试样含不饱和官能团或含还原性官能团。

2. 有机卤的检验

以氯丁烷、仲氯丁烷、叔氯丁烷、氯苯、三氯甲烷、乙酰氯为试样进行（1）、（2）试验。

（1）硝酸银醇溶液试验

① 试剂：5％硝酸银乙醇、6mol/L 硝酸溶液。

② 实训步骤：取 1mL5％硝酸银乙醇液于试管中，加入 2～3 滴试样，猛烈摇动，静置 2min，观察有无沉淀生成；无沉淀生成应将溶液加热煮沸后再观察；有沉淀生成加 0.5mL 6 mol/L 硝酸溶液摇动，沉淀不溶解表明试样中的卤素活泼。

（2）碘化钠-丙酮试验

① 试剂：碘化钠-丙酮溶液。

② 实训步骤：取 1mL 碘化钠-丙酮液于试管中，加入 2 滴试样，摇动后在室温静止 5min，观察有无沉淀析出；无沉淀析出应将试管放在 50℃水浴中温热 6min，冷却至室温后再观察，有沉淀析出表明试样中的氯、溴活泼。若溶液出现红色是试剂析出了碘。

三、注意事项

1. 一切与溴易发生取代反应的化合物在本试验条件下均可使溴褪色；当观察到溴褪色时，应向试管口吹一口气，若有白色烟雾出现，说明发生的是取代反应，白色烟雾为溴化氢。

2. 碘化钠-丙酮溶液的制备：取 15g 碘化钠，溶于 100mL 丙酮中，搅拌均匀后，贮于深棕色的玻璃瓶中。若溶液变成红棕色，则不能继续使用。

相关知识链接

官能团的作用：(1) 决定有机物的种类；(2) 产生官能团的位置异构和种类异构；(3) 决定一类或几类有机物的化学性质；(4) 影响其它基团的性质；(5) 有机物的许多性质发生在官能团上。

第二章 化学分析应用实训项目

化学分析应用实训包括分析化学应用实训、有机分析应用实训和食品分析应用实训。通过应用实训项目的操作，培养学生正确观察实验现象、准确测量、记录及实验数据处理，科学地表达实验结论，规范地完成实验报告的能力。培养学生的创新思维和综合运用化学实验操作技术的能力。

第一节 分析化学应用实训项目

▶▶ 实训 1 滴定分析仪器的校准

一、实训目标

1. 了解滴定分析仪器校准的意义；
2. 初步掌握容量瓶和移液管的相对校准的原理和方法。

二、实训原理

滴定管，移液管和容量瓶是滴定分析法所用的主要量器。容量器皿的容积与其所标出的体积并非完全相符合。因此，在准确度要求较高的分析工作中，必须对容量器皿进行校准。由于玻璃具有热胀冷缩的特性，在不同的温度下容量器皿的体积也有所不同。因此，校准玻璃容量器皿时，必须规定一个共同的温度值，这一规定温度值为标准温度。国际上规定玻璃容量器皿的标准温度为 20℃。既在校准时都将玻璃容量器皿的容积校准到 20℃时的实际容积。

三、仪器

酸碱滴定管、25.00mL 移液管、250.00mL 容量瓶、50mL 具塞磨口锥形瓶、温度计（50℃或 100℃）。

四、实训步骤

1. 移液管和容量瓶的相对校准

（1）洗净 250.00mL 容量瓶和 25.00mL 移液管，将容量瓶空干。

（2）用 25.00mL 移液管准确吸取蒸馏水 10 次至 250.00mL 容量瓶中，注意水滴不能落在容量瓶瓶颈的磨口处。

（3）观察容量瓶中水的弯月面下缘的位置是否与容量瓶标线相切，若正好相切，表明移液管与容量瓶容积关系为 1∶10，用原标记即可。

（4）若不相切，表示有误差。将容量瓶干燥后重复三次，然后用平直的窄纸条贴在与弯月面相切处，并在纸条上刷蜡作新标记，经相互校准后，此容量瓶与移液管可配套使用。

2. 滴定管的绝对校正

（1）将要校正的滴定管洗净至内壁不挂水珠，加入相同室温下的纯水，驱除活塞下的气泡，记录水温。

（2）去一个洁净的磨口具塞锥形瓶，擦干瓶外壁、瓶口及瓶塞，在分析天平上称重，质量记录为 m_1。

（3）在滴定管的水面调节到正好在 0.00 刻度处，按滴定时常用速度（每秒 3 滴），将 10mL 的水放入已称重的具塞锥形瓶中，滴定管尖的液滴应该碰进锥形瓶中。

（4）将锥形瓶盖子盖好，在分析天平上称量其质量并记录为 m_2，用 m_2-m_1 即为水的质量。

（5）再从滴定管中放出 10.00mL 蒸馏水于同一锥形瓶中，称其质量为 m_3，则第二次放出水的质量为 m_3-m_2。如此逐段放出蒸馏水，记录体积并称量重量，直至 50mL 刻度处为止。

（6）根据水温，从表 2-1 中查出该温度下的 ρ_t，利用 $V_{20}=m_t/\rho_t$ 计算出滴定管的各部分在 20℃时的实际容积。每相同的容积应重复校正一次。两次校正所得同一刻度的体积相差不应大于 0.02mL。求其平均值。

（7）以滴定管读书为横坐标、相应的总校准值为纵坐标，用直线连接各点绘出校准曲线。

实际工作中，需要将通过滴定管读出的溶液的体积经过校正得出溶液实际体积。但是如果实验时溶液的温度不是 20℃，还需通过表 2-2 的校正值将溶液体积校准为 20℃的体积。

表 2-1　玻璃容器中 1mL 水在空气中用黄铜砝码称得的质量

$t/℃$	ρ_t/g	$t/℃$	ρ_t/g	$t/℃$	ρ_t/g	$t/℃$	ρ_t/g
1	0.99824	11	0.99832	21	0.99700	31	0.99464
2	0.99834	12	0.99823	22	0.99630	32	0.99434
3	0.99839	13	0.99814	23	0.99660	33	0.99406
4	0.99844	14	0.99804	24	0.99638	34	0.99325
5	0.99848	15	0.99793	25	0.99617	35	0.99345
6	0.99850	16	0.99730	26	0.99593	36	0.99312
7	0.99850	17	0.99765	27	0.99569	37	0.99280
8	0.99848	18	0.99751	28	0.99544	38	0.99216
9	0.99844	19	0.99734	29	0.99518	39	0.99212
10	0.99839	20	0.99718	30	0.99491	40	0.99177

表 2-2　在 *t*℃时不同浓度溶液的体积校正值

校正值 温度/℃	浓度/(mol/L)						
	水,0.01 的各种溶液,0.1 的 HCl	0.1 各种溶液	0.5HCl	1.0HCl	0.5H₂SO₄	0.5NaOH	1.0NaOH
5	+1.5	+1.7	+1.9	+2.3	+3.24	+2.35	+3.6
6	+1.5	+1.65	+1.85	+2.2	+3.09	+2.25	+3.4
7	+1.4	+1.6	+1.8	+2.15	+2.98	+2.20	+3.2
8	+1.4	+1.55	+1.75	+2.1	+2.76	+2.15	+3.0
9	+1.4	+1.5	+1.7	+2.0	+2.58	+2.05	+2.7
10	+1.3	+1.45	+1.6	+1.9	+2.39	+1.95	+2.5
11	+1.2	+1.35	+1.5	+1.8	+2.19	+1.80	+2.3
12	+1.1	+1.3	+1.4	+1.6	+1.98	+1.70	+2.0
13	+1.0	+1.1	+1.2	+1.4	+1.76	+1.50	+1.8
14	+0.9	+1.0	+1.1	+1.2	+1.53	+1.30	+1.6
15	+0.8	+0.9	+0.9	+1.0	+1.30	+1.10	+1.3
16	+0.6	+0.7	+0.8	+0.8	+1.06	+0.90	+1.1
17	+0.5	+0.6	+0.6	+0.6	+0.81	+0.70	+0.8
18	+0.3	+0.4	+0.4	+0.4	+0.55	+0.50	+0.6
19	+0.2	+0.2	+0.2	+0.2	+0.28	+0.20	+0.3
20	0.0	0.0	0.0	0.0	0.0	0.0	0.0
21	−0.2	−0.2	−0.2	−0.2	−0.28	−0.20	−0.3
22	−0.4	−0.4	−0.4	−0.5	−0.56	−0.50	−0.6
23	−0.6	−0.7	−0.7	−0.7	−0.85	−0.80	−0.9
24	−0.8	−0.9	−0.9	−1.0	−1.15	−1.00	−1.2
25	−1.0	−1.1	−1.1	−1.2	−1.46	−1.30	−1.5
26	−1.3	−1.4	−1.4	−1.4	−1.78	−1.50	−1.8
27	−1.5	−1.7	−1.7	−1.7	−2.11	−1.80	−2.1
28	−1.8	−2.0	−2.0	−2.0	−2.45	−2.10	−2.4
29	−2.1	−2.3	−2.3	−2.3	−2.79	−2.40	−2.8
30	−2.3	−2.5	−2.5	−2.6	−3.13	−2.80	−3.2

五、数据处理

$$V_{20} = m_t / \rho_t$$

$$V_{20} = V_t + \frac{V_t \beta}{1000}$$

式中　V_{20}——20℃时溶液的体积,mL;

　　　V_t——*t*℃时溶液的体积,mL;

　　　β——1000mL 溶液由 *t*℃换算为 20℃时的校正值,mL。

六、注意事项

1. 量器必须用热铬酸洗液或其他洗液充分清洗。当水面下降是,与器壁接触处形成正常弯月面,水面上部器壁不应挂有水珠。

2. 校准移液管时,水字标线流至出口端时,按规定在等待 15s。

3. 水和容量器皿的温度尽可能接近室温,温度测量应精确至 0.1℃。

4. 校准用的水应该是煮沸冷却至室温的蒸馏水。

七、思考题

1. 为什么要进行容量仪器的校准？影响容量仪器体积刻度不准确的主要因素有哪些？
2. 称量纯水所用的具塞锥形瓶，为什么要避免将磨口部分和瓶塞沾湿？
3. 为什么移液管和容量瓶之间的相对校准比两者分别校准更为实用？

相关知识链接

绝对校准是测定容量器皿的实际容积。常用的校准方法为衡量法，又叫称量法。即用天平称得容量器皿容纳或放出纯水的质量，然后根据水的密度，计算出该容量器皿在标准温度20℃时的实际体积。

由质量换算成容积时，需考虑三方面的影响：

(1) 水的密度随温度的变化。

(2) 温度对玻璃器皿容积胀缩的影响。

(3) 在空气中称量时空气浮力的影响。

▶▶ 实训 2 　混合碱的分析

一、实训目标

利用双指示剂法分析和测定混合碱的组成和含量的基本原理和方法。

二、实训原理

混合碱系是指 Na_2CO_3、$NaOH$、$NaHCO_3$ 的各自混合物及类似的混合物。但不存在 $NaOH$ 和 $NaHCO_3$ 的混合物，为什么？

$0.1mol/L$ 的 $NaOH$、Na_2CO_3、$NaHCO_3$ 溶液的 pH 分别为：13.0、11.6、8.3，用 $0.1mol/L$ HCl 分别滴定 $0.1mol/L$ $NaOH$、Na_2CO_3、$NaHCO_3$ 溶液时，如果以酚酞为指示剂，酚酞的变色范围 pH 为 $8.0\sim10.0$，因此，$NaOH$、Na_2CO_3 可以被滴定，$NaOH$ 转化为 $NaCl$，Na_2CO_3 转化为 $NaHCO_3$，为第一终点；而 $NaHCO_3$ 不被滴定，当以甲基橙（$3.1\sim4.3$）为指示剂时，$NaHCO_3$ 被滴定转化为 $NaCl$ 为第二终点。

分析：

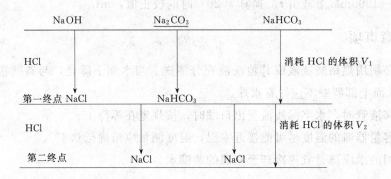

从上述分析可见，通过滴定不仅能够完成定量分析，还可以完成定性分析。

因为 Na_2CO_3 转化生成 $NaHCO_3$ 以及 $NaHCO_3$ 转化为 $NaCl$ 消耗 HCl 的量是相等的，所以，由 V_1 和 V_2 的大小可以判断混合碱的组成。

当 $V_1 > V_2$ 时，说明是 NaOH 和 Na_2CO_3 组成混合碱，当 $V_1 < V_2$ 时，说明是 Na_2CO_3 和 $NaHCO_3$ 组成混合碱。

三、仪器与试剂

1. 仪器

酸碱滴定管、分析天平、250mL 锥形瓶、量筒、25.00mL 移液管、烧杯。

2. 试剂

盐酸标准溶液、碳酸钠、碳酸氢钠、氢氧化钠、甲基橙指示剂、酚酞指示剂。

四、实训步骤

1. HCl 标准溶液的标定

准确称量 0.10~0.12g 无水 Na_2CO_3 三份，分别于 250mL 锥形瓶中，加入 25mL H_2O 溶解，2~3 滴甲基橙，用 HCl 标准溶液滴定至终点。

注意：终点时生成的是 H_2CO_3 饱和溶液，pH 为 3.9，为了防止终点提前，必须尽可能驱除 CO_2，接近终点时要剧烈振荡溶液，或者加热。

2. 混合碱分析

称量，称取一定量的混合碱于小烧杯中，加入少许水溶解，定量转入 250mL 容量瓶中定容。

滴定，移取 25.00mL 混合碱溶液于 250mL 锥形瓶中，加入 3~4 滴酚酞指示剂，用 HCl 标准溶液滴定至第一终点。记录消耗 HCl 标准溶液的体积 V_1 mL。再加入 3~4 滴甲基橙指示剂，用 HCl 标准溶液滴定至第二终点。记录消耗 HCl 标准溶液的总体积 V mL。平行操作三次。

注意：在第一终点时，生成 $NaHCO_3$ 应尽可能保证 CO_2 不丢失！而在第二终点时，生成 H_2CO_3 应尽可能驱除 CO_2，采取的措施：①接近终点时，滴定速度一定不能过快，否则造成 HCl 局部过浓，引起 CO_2 丢失；②摇动要缓慢，不要剧烈振动。

五、数据处理

计算公式：

（1）NaOH 和 Na_2CO_3 组成混合碱 （$V_1 > V_2$）

$$w(NaOH) = \frac{c(V_1 - V_2) \times \dfrac{M(NaOH)}{1000}}{m} \times 100\%$$

$$w(Na_2CO_3) = \frac{c \times 2V_2 \times \dfrac{1}{2} \times \dfrac{M(Na_2CO_3)}{1000}}{m} \times 100\%$$

（2）Na_2CO_3 和 $NaHCO_3$ 组成混合碱（$V_1 < V_2$）

$$w(Na_2CO_3) = \frac{c \times 2V_1 \times \frac{1}{2} \times \frac{M(Na_2CO_3)}{1000}}{m} \times 100\%$$

$$w(NaHCO_3) = \frac{c(V_2 - V_1) \times \frac{M(NaHCO_3)}{1000}}{m} \times 100\%$$

1. 判断混合碱的组成

根据第一终点、第二终点消耗 HCl 标准溶液的体积 V_1 mL 和 V_2 mL（$V_2 = V - V_1$）的大小判断混合碱的组成。

2. 计算分析结果

根据混合碱的组成，写出各自的滴定反应式，推出计算公式，计算各组分的含量（见表 2-3 和表 2-4）。

表 2-3　HCl 标准溶液的标定

项目	1	2	3
$m(Na_2CO_3)/g$			
$V(HCl)/mL$			
$c(HCl)/mL$			
$c(HCl)/mL$			
相对平均偏差/%			

表 2-4　混合碱的测定（写明组分）

项目		1	2	3
第一终点	V_1/mL			
第二终点	V/mL			
	V_2/mL			
组分 1 含量/%				
组分 1 平均含量/%				
相对平均偏差/%				
组分 2 含量/%				
组分 2 平均含量/%				
相对平均偏差/%				

六、注意事项

1. 双指示剂法，由于使用了酚酞（由红色至无色）、甲基橙双色指示剂颜色变化不明显，分析结果的误差较大。可以采用对照的方法提高分析结果的准确度。

2. CO_2 的保护与驱除。在接近终点时，必须注意 CO_2 的保护与驱除，否则造成终点提前。

七、思考题

1. 双指示剂法测定混合碱的准确度较低，还有什么方法能提高分析结果的准确度？

2. 为什么一般都用强碱氢氧化钠滴定酸？

3．为什么标准溶液的浓度一般都为 0.1mol/L，而不宜过高或过低？

4．酸碱滴定法中，选择指示剂的依据是什么？

5．干燥的纯 NaOH 和 NaHCO$_3$ 按 2∶1 的质量比混合后溶于水，并用盐酸标准溶液滴定。使用酚酞为指示剂时用去盐酸的体积为 V_1，继用甲基橙为指示剂，又用去盐酸的体积为 V_2，求 V_1/V_2（保留 3 位有效数字）。

相关知识链接

1．所谓双指示剂法就是分别以酚酞和甲基橙为指示剂，在同一份溶液中用盐酸标准溶液作滴定剂进行连续滴定，根据两个终点所消耗的盐酸标准溶液的体积计算混合碱中各组分的含量。

2．用于酸碱滴定的指示剂，称为酸碱指示剂。是一类结构较复杂的有机弱酸或有机弱碱，它们在溶液中能部分电离成指示剂的离子和氢离子（或氢氧根离子），并且由于结构上的变化，它们的分子和离子具有不同的颜色，因而在 pH 不同的溶液中呈现不同的颜色。

常用的酸碱指示剂主要有以下四类：

（1）硝基酚类　这是一类酸性显著的指示剂，如对-硝基酚等。

（2）酚酞类　有酚酞、百里酚酞和 α-萘酚酞等，它们都是有机弱酸。

（3）磺代酚酞类　有酚红、甲酚红、溴酚蓝、百里酚蓝等，它们都是有机弱酸。

（4）偶氮化合物类　有甲基橙、中性红等，它们都是两性指示剂，既可作酸式离解，也可作碱式离解。

实训 3　铵盐纯度的测定

一、实训目标

1．掌握甲醛法测定铵盐含量的原理和方法；

2．掌握铵盐测定的计算公式。

二、实训原理

铵盐 NH$_4$NO$_3$ 和（NH$_4$）$_2$SO$_4$ 是常用的氮肥，系强酸弱碱盐，由于 NH$_4^+$ 的酸性太弱（$K_a=5.6\times10^{-10}$），故无法用 NaOH 标准溶液直接滴定。生产和实验室中广泛采用甲醛法测定铵盐中的含氮量。甲醛法是基于如下反应：

$$4NH_4^+ +6HCHO \Longrightarrow (CH_2)_6N_4H^+ +3H^+ +6H_2O$$

生成的 H$^+$ 和（CH$_2$）$_6$N$_4$H$^+$（$K_a=7.1\times10^{-6}$），然后以酚酞为指示剂，用 NaOH 标准溶液滴定，反应是：

$$(CH_2)_6N_4H^+ +3H^+ +4OH^- \longrightarrow (CH_2)_6N_4 +4H_2O$$

三、仪器、试剂与试拌

1．仪器

碱式滴定管、250mL 锥形瓶、量筒、移液管、分析天平。

2. 试剂

NaOH 标准溶液[$c(NaOH)=0.1mol/L$]、酚酞指示剂。

中性甲醛（1∶1）：以酚酞作指示剂，用 $c(NaOH)=0.1mol/L$ NaOH 标准溶液中和至呈淡粉红色，再用未中和的甲醛滴定至刚好无色。

3. 试样

硝酸铵。

四、实训步骤

准确称取硝酸铵 0.2～0.3g，（平行三份）于 250mL 锥形瓶中，加入 20～30mL 水溶解，然后加 5mL 中性甲醛溶液，摇匀，放置 1min，再加入 1～2 滴酚酞指示剂，用 $c(NaOH)=0.1mol/L$ NaOH 标准溶液滴定到溶液变成淡粉红色，并在 30s 不褪色为终点。记录 NaOH 标准溶液的体积。

五、数据处理

硝酸铵纯度的计算公式：

$$\omega(NH_4NO_3)=\frac{c(NaOH)V(NaOH)\times10^{-3}\times M(NH_4NO_3)}{m}\times100\%$$

式中　$c(NaOH)$——NaOH 标准溶液的浓度，mol/L；

　　　$V(NaOH)$——滴定时消耗 NaOH 标准溶液的体积，mL；

　　$M(NH_4NO_3)$——NH_4NO_3 的摩尔质量，g/mol；

　　　　　　m——试样质量，g。

六、注意事项

1. 如果铵盐中含有游离酸，应事先中和除去，先加甲基红指示剂，用 NaOH 溶液滴定至溶液呈橙色，然后再加入甲醛溶液进行测定。

2. 甲醛中常含有微量甲酸，应预先以酚酞为指示剂，用 NaOH 溶液中和至溶液呈淡红色。

3. 滴定中途，要将锥形瓶壁的溶液用少量蒸馏水冲洗下来，否则将增大误差。

七、思考题

1. 甲醛法测铵盐为什么要选用酚酞为指示剂？

2. 为什么使用中性甲醛？甲醛未经中和对结果有什么影响？

3. 如果试样为（NH_4）$_2SO_4$，如何计算其质量分数？

相关知识链接

氨跟酸作用生成铵盐。铵盐是由铵根离子和酸根离子组成的化合物。铵盐都是晶体，能溶于水。铵盐都能跟碱反应放出刺激性气味的气体——氨气，这是一切铵盐的共同性质。

实验室就是利用这样的反应来制取氨气，同时也可以利用这个性质来检验铵离子的存在。铵盐在农业上可用作化肥，铵盐与碱的反应可用于铵根离子的检验和氨气的制备。在工业上金属的焊接时也可以用铵盐来除去锈迹，氯化铵还可来制造干电池。

阅读材料

甲醛的应用

在木材工业方面，用于生产脲醛树脂及酚醛树脂，由甲醛与尿素按一定摩尔比混合进行反应生成脲醛树脂。由甲醛与苯酚按一定摩尔比混合进行反应生成酚醛树脂。

在纺织业方面，服装在树脂整理的过程中都要涉及甲醛的使用。服装的面料生产，为了达到防皱、防缩、阻燃等作用，或为了保持印花、染色的耐久性，或为了改善手感，需在助剂中添加甲醛。目前用甲醛印染助剂比较多的是纯棉纺织品，因为纯棉纺织品容易起皱，使用含甲醛的助剂能提高棉布的硬挺度。含有甲醛的纺织品，在人们穿着和使用过程中，会逐渐释出游离甲醛，通过人体呼吸道及皮肤接触引发呼吸道炎症和皮肤炎症，还会对眼睛产生刺激。甲醛能引发过敏，还可诱发癌症。厂家使用含甲醛的染色助剂，特别是一些生产厂为降低成本，使用甲醛含量极高的廉价助剂，对人体十分有害。

$35\% \sim 40\%$ 的甲醛水溶液俗称福尔马林，具有防腐杀菌性能，可用来浸制生物标本，给种子消毒等。甲醛具有防腐杀菌性能的原因主要是构成生物体（包括细菌）本身的蛋白质上的氨基能跟甲醛发生反应。食品行业可利用甲醛的防腐性能，加入水产品等不易储存的食品中。

▶▶ 实训 4　　工业醋酸含量的测定

一、实训目标

1. 了解基准物质邻苯二甲酸氢钾（$KHC_8H_4O_4$）的性质及其应用；
2. 掌握 NaOH 标准溶液的配制、标定及保存要点；
3. 掌握强碱滴定弱酸的滴定过程、突跃范围及指示剂的选择原理；
4. 掌握醋酸含量的测定方法。

二、实训原理

醋酸是有机化工产品，也是重要的基本有机化工原料，主要用于有机合成工业生产醋酸纤维、合成树脂、有机溶剂、合成药物等。

工业醋酸的浓度较大，必须稀释后再进行滴定。可用移液管吸取试液，于容量瓶中稀释，再吸取稀释的试液进行滴定。

醋酸是一种有机弱酸，其离解常数 $K_a=1.76\times10^{-5}$，可用标准碱溶液直接滴定，反应如下：

$$HAc+NaOH\longrightarrow NaAc+H_2O$$

化学计量点时反应产物是 NaAc，是一种强碱弱酸盐，其溶液 pH 在 8.7 左右，酚酞的颜色变化范围是 pH 为 8.0~10.0，滴定终点时溶液的 pH 正处于其内，因此采用酚酞做指示剂，而不用甲基橙和甲基红。

三、仪器与试剂

1. 仪器
50.00mL 碱式滴定管、10.00mL 移液管、25.00mL 移液管、1000mL 容量瓶、250mL 锥形瓶、分析天平、托盘天平。

2. 试剂
邻苯二甲酸氢钾（$KHC_8H_4O_4$）0.1mol/L NaOH 溶液、0.2%酚酞指示剂。

四、实训步骤

1. NaOH 溶液的标定
（1）在电子天平上，用差减法称取三份 0.4~0.6g 邻苯二甲酸氢钾基准物分别放入三个 250mL 锥形瓶中，各加入 30~40mL 去离子水溶解后，滴加 1~2 滴 0.2%酚酞指示剂。

（2）用待标定的 NaOH 溶液分别滴定至无色变为微红色，并保持半分钟内不褪色即为终点。

（3）记录滴定前后滴定管中 NaOH 溶液的体积。计算 NaOH 溶液的浓度和各次标定结果的相对偏差。

2. 工业醋酸含量的测定
（1）用 10.00mL 移液管吸取醋酸试液一份，置于 1000mL 容量瓶中，用水稀释至刻度，摇匀。

（2）用移液管吸取 25.00mL 稀释后的试液，置于 250mL 锥形瓶中，加入 0.2%酚酞指示剂 1~2 滴，用 NaOH 标准溶液滴定，直到加入半滴 NaOH 标准溶液使试液呈现微红色，并保持 30s 内不褪色即为终点。

（3）重复操作，测定另两份试样，记录滴定前后滴定管中 NaOH 溶液的体积。测定结果的相对平均偏差应小于 0.2mL。

（4）根据测定结果计算试样中醋酸的含量，以 g/L 表示。

五、数据处理

醋酸含量计算公式：

$$\rho(HAc)=\frac{c(NaOH)V(NaOH)M(HAc)}{V(HAc)}\times 稀释倍数$$

记录并计算（见表 2-5 和表 2-6）。

表 2-5　NaOH 溶液浓度的标定

编号		1	2	3	空白
$m(KHC_8O_4H_4)/g$					
$KHC_8O_4H_4$稀释体积/mL					
吸取 $KHC_8O_4H_4$稀释液/mL					
NaOH 滴定读数 /mL	终点				
	起点				
NaOH 用量 V/mL	NaOH 用量				
	减空白				
$c(NaOH)/(mol/L)$	公式:$c(NaOH)=$				
$c_{平均值}/(mol/L)$					
平均偏差					
标准偏差					

表 2-6　总酸度的测定

编号		1	2	3	4	空白
吸取醋样 $V(HAC)$/mL						
将醋样溶液 稀释至体积/mL						
吸取醋样稀释液/mL						
NaOH 滴定 读数/mL	终点					
	起点					
NaOH 用量 $V(NaOH)$/mL	减空白					
醋酸的总酸度 $\rho/(mg/L)$	$\rho(HAc)=\dfrac{c(NaOH)V(NaOH)M(HAc)}{V(HAc)}\times$稀释倍数					
平均值/(mg/L)						
平均偏差						
标准偏差						

六、注意事项

1. $KHC_8H_4O_4$ 是标定 NaOH 的基准物质，因此称取 $KHC_8H_4O_4$ 时要用电子天平，并要用差减法，使其称量结果尽量精确。而称量 NaOH 就不需要十分准确，用托盘天平即可。

2. 酚酞指示剂有无色变为微红时，溶液的 pH 约为 8.7。变红的溶液在空气中放置后，因吸收了空气中的 CO_2，又变为无色。

3. 已标定的 NaOH 标准溶液在保存时若吸收了空气中的 CO_2，以它测定醋酸的浓度，用酚酞作为指示剂，则测定结果会偏高。为使测定结果准确，应尽量避免长时间将 NaOH 溶液放置于空气中。

七、思考题

1. 在选用指示剂时，为什么要采用酚酞做指示剂，而不用甲基橙或甲基红？

2. 为什么要将工业醋酸稀释后再进行浓度测定？

相关知识链接

选用邻苯二甲酸氢钾作为标准物质，主要考虑有几点：

1. 该物质的稳定性，包括热、氧化、还原、结晶水等方面；
2. 该物质的纯度；
3. 对应被滴定物的类型——强弱酸、强弱碱；
4. 足够大的分子量，降低称量误差，一般＞0.1g。

阅读材料

冰醋酸

　　醋酸为无色液体，有强烈的刺激性酸味，与水互溶，当浓度达到99％以上时，在14.8℃便结为晶体，故称之为冰醋酸，对皮肤有腐蚀作用。

　　冰醋酸是最重要的有机酸之一。主要用于醋酸乙烯、醋酐、醋酸纤维、醋酸酯和金属醋酸盐等，也用作农药、医药和染料等工业的溶剂和原料，在照相药品制造、织物印染和橡胶工业中都有广泛用途。

　　冰醋酸是重要的有机化工原料之一，它在有机化学工业中处于重要地位。醋酸广泛用于合成纤维、涂料、医药、农药、食品添加剂、染织等工业，是国民经济的一个重要组成部分。冰醋酸按用途又分为工业和食用两种，食用冰醋酸可作酸味剂、增香剂。可生产合成食用醋。用水将乙酸稀释至4％～5％浓度，添加各种调味剂而得食用醋。其风味与酿造醋相似。常用于番茄调味酱、蛋黄酱、醉米糖酱、泡菜、干酪、糖食制品等。使用时适当稀释，还可用于制作蕃茄、芦笋、婴儿食品、沙丁鱼、鱿鱼等罐头，还有酸黄瓜、肉汤羹、冷饮、酸法干酪用于食品香料时，需稀释，可制作软饮料，冷饮、糖果、焙烤食品、布丁类、胶媒糖、调味品等。作为酸味剂，可用于调饮料、罐头等。洗涤通常使用的冰醋酸，浓度分别为28％、56％、99％。如果买的是冰醋酸，把28cc的冰醋酸加到72cc的水里，就可得到28％的醋酸。更常见的是它以56％的浓度出售，这是因为这种浓度的醋酸只要加同量的水，即可得到28％的醋酸。浓度大于28％的醋酸会损坏醋酸纤维和代纳尔纤维。草酸是有机酸中的强酸之一，在高锰酸钾的酸性溶液中，草酸易被氧化生成二氧化碳和水。草酸能与碱类起中和反应，生成草酸盐。醋酸也一样，28％的醋酸具有挥发性，挥发后使织物是中性；就像氨水可以中和酸一样，28％的醋酸也可以中和碱。碱也会导致变色。用酸（如28％的醋酸）即可把变色恢复过来。这种酸也常用来减少由丹宁复合物、茶、咖啡、果汁、软饮料以及啤酒造成的黄渍。在去除这些污渍时，28％的醋酸用在水和中性润滑剂之后，可用到最大程度。

▶▶ 实训5 水中硬度的测定

一、实训目标

1. 掌握水硬度的测定方法，配位滴定的原理和方法；
2. 了解钙指示剂的应用；
3. 掌握水硬度的表示方法；
4. 了解金属指示剂变色原理及滴定终点的判断。

二、实训原理

水的硬度最初是指钙、镁离子沉淀肥皂的能力。水的总硬度指水中钙、镁离子的总浓度，其中包括碳酸盐硬度（即通过加热能以碳酸盐形式沉淀下来的钙、镁离子，故又叫暂时硬度）和非碳酸盐硬度（即加热后不能沉淀下来的那部分钙、镁离子，又称永久硬度）。

硬度的表示方法尚未同一，目前我国使用较多的表示方法有两种：一种是将所测得的钙、镁折算成 CaO 的质量，即每升水中含有 CaO 的质量（mg）表示，单位为 mg/L；另一种以度（°）计：1 硬度单位表示 10 万份水中含 1 份 CaO（即每升水中含 10mgCaO），$1° = 10 \times 10^{-6} CaO$。这种硬度的表示方法称作德国度。

我国生活饮用水卫生标准规定以 $CaCO_3$ 计的硬度不得超过 450mg/L。

$$Ca^{2+} + EDTA \longrightarrow Ca\text{-}EDTA$$
$$Mg^{2+} + EDTA \longrightarrow Mg\text{-}EDTA$$

三、仪器与试剂

1. 仪器

酸式滴定管、50.00mL 移液管、250mL 锥形瓶。

2. 试剂

水试样、铬黑 T（EBT）指示剂（5g/L）、pH＝10 的氨缓冲溶液、刚果红试纸、HCl 溶液（1∶1）、NaOH 溶液（4mol/L）、钙指示剂（称取 1.0g 钙指示剂与固体 100g 的 NaCl 于研钵中，研细混匀，贮存于广口瓶）、EDTA 标准溶液（0.02 mol/L）。

四、实训步骤

1. 总硬度的测定

用移液管准确吸取 50.00mL 试样，放于 250mL 锥形瓶中，加入刚果红试纸（颜色由蓝色变为红色），在加入 1～2 滴 HCl 溶液酸化，至试纸变为蓝紫色为止，加热煮沸数分钟赶走 CO_2。冷却后，加入 3mL 三乙醇胺溶液、pH＝10 的氨缓冲溶液 5mL，1mLNa$_2$S 铬黑 T 指示剂 3 滴，用 $c(EDTA) = 0.02$ mol/L 的 EDTA 标准溶液滴定至溶液由酒红色变成纯蓝色为终点，同时做空白试验。平行测定 3 次。

2. 钙硬度的测定

用移液管准确吸取 50.00mL 试样，放于 250mL 锥形瓶中，加入刚果红试纸（颜色由蓝色变为红色），在加入 1～2 滴 HCl 溶液酸化，至试纸变为蓝紫色为止，加热煮沸 2～3min。冷却至 40～50℃加入 NaOH 溶液（4mol/L）4mL，再加入少量钙指示剂，以 $c(EDTA) = 0.02mol/L$ 的 EDTA 标准溶液滴定至溶液由红色变成纯蓝色为终点，同时做空白试验。平行测定 3 次。

五、数据处理

总硬度计算公式：

$$CaCO_3(mg/L) = \frac{c(EDTA) \times (V_1 - V_0)M(CaCO_3)}{V} \times 1000$$

$$总硬度(°) = \frac{c(EDTA) \times (V_1 - V_0)M(CaO)}{V \times 10} \times 1000$$

钙硬度计算公式：

$$CaCO_3(mg/L) = \frac{c(EDTA) \times (V_2 - V_0)M(CaCO_3)}{V} \times 1000$$

$$镁硬度 = 总硬度 - 钙高度$$

式中　$c(EDTA)$——EDTA 标准溶液浓度，mol/L；

　　　　V_0——空白试验消耗 EDTA 标准溶液的体积，mL；

　　　　V_1——滴定 Ca^{2+} 和 Mg^{2+} 消耗 EDTA 标准溶液的体积，mL；

　　　　V_2——滴定 Ca^{2+} 消耗 EDTA 标准溶液的体积，mL；

　　　　V——水试样的体积，mL。

六、注意事项

1. 络合反应速率较慢，滴定时滴加速度不能太快，特别是临近终点时，要边滴边摇晃。

2. 干扰离子的掩蔽

(1) Fe^{2+}、Al^{3+} 干扰用三乙醇胺掩蔽（条件：Fe^{3+} 浓度小于 10mg/L 可掩蔽否则稀释）；

(2) Cu^{2+}、Pb^{2+}、Zn^{2+} 用 KCN、Na_2S 或巯基乙酸掩蔽。

七、思考题

1. 测定水的总硬度时，为何要控制溶液的 pH＝10？

2. 本实验采用铬黑 T 指示剂，能否用二甲酚橙作为指示剂？为什么？

3. 水中若有 Fe^{3+}、Al^{3+} 等离子，将会对测定产生什么影响？应如何消除？

4. 以 $CaCO_3$ 为基准物质标定时加入 Mg-EDTA 的作用是什么？基于什么原理？

相关知识链接

硬度是指水中二价及多价金属离子含量的总和。这些离子包括 Ca^{2+}、Mg^{2+}、Fe^{2+}、

Mn^{2+}、Fe^{3+}、Al^{3+} 等。水中这些离子有一个共性,含量偏高可使肥皂失去去污能力,使锅炉结垢,使水在工业上的许多部门不能使用。构成天然水硬度的主要离子是 Ca^{2+} 和 Mg^{2+},其他离子在一般天然水中含量都很少,在构成水硬度上可以忽略。因此,一般都以 Ca^{2+} 和 Mg^{2+} 的含量来计算硬度。

阅读材料

软水与硬水

水分为软水、硬水,凡不含或含有少量钙、镁离子的水称为软水,反之称为硬水。水的硬度成分,如果是由碳酸氢钠或碳酸氢镁引起的,系暂时性硬水(煮沸暂时性硬水,分解的碳酸氢钠,生成的不溶性碳酸盐而沉淀,水由硬水变成软水);如果是由含有钙、镁的硫酸盐或氯化物引起的,系永久性硬水。依照水的总硬度值大致划分,总硬度 $0\sim30\times10^{-6}$ 称为软水,总硬度 60×10^{-6} 以上称为硬水,高品质的饮用水不超过 25×10^{-6},高品质的软水总硬度在 10×10^{-6} 以下。在天然水中,远离城市未受污染的雨水、雪水属于软水;泉水、溪水、江河水、水库水,多属于暂时性硬水,部分地下水属于高硬度水。

一百多年来,科学技术极大地推动近代工业、现代工业、当代工业高速发展,渐渐改善人类生活条件的同时,无处不在的化学技术、工业污染极大地破坏着地球环境的固有平衡,使水资源遭受着严重的污染,水,早已不再是几百年前大都可以直接饮用的水,而是含有许多悬浮物、胶体、以及钙、镁等有害重金属离子、病菌。由于家庭用水量的 95% 以上属非饮用性生活用水,因此,品质不良的水,不仅危害着人体健康,而且危害着涉水性日常生活、涉水性家庭器具。

▶▶ 实训6 铝盐中铝含量的测定

一、实训目标

1. 掌握置换滴定法测定铝盐中铝含量的方法和原理;
2. 掌握 PAN 指示剂终点判断。

二、实训原理

在试样中加入过量的 EDTA,调节溶液的 pH 为 3~4,加热煮沸使 Al^{3+} 与 EDTA 完全配合。冷却后,加入缓冲溶液调节溶液的 pH 为 5~6,以二甲酚橙做指示剂,此时溶液的颜色呈现黄色,用锌标准溶液滴定剩余的 EDTA,稍过量的 Zn^{2+} 与 PAN 指示剂或二甲酚橙指示剂配位形成红色配合物显示终点,不记录此次消耗锌标准溶液的体积。然后在此溶液中加入过量的氟化铵,加热至沸腾后 1~2min,使 AlY^- 与 F^- 完全反应,置换出等物质量的 EDTA，用锌标准溶液滴定置换出的 EDTA 至终点。由消耗锌标准溶液的体积和浓度计算铝的含量。其反应为：

$$Al^{3+} + H_2Y^{2-}（过量）\longrightarrow AlY^- + 2H^+$$

$$H_2Y^{2-} + Zn^{2+} \longrightarrow ZnY^{2-} + 2H^+ \quad （滴定剩余的 EDTA）$$

$$AlY^- + 6F^- + 2H^+ \longrightarrow AlF_6^{3-} + H_2Y^{2-}$$

$$H_2Y^{2-} + Zn^{2+} \longrightarrow ZnY^{2-} + 2H^+ \quad （滴定置换出的 EDTA）$$

$$Zn^{2+} + In^{2-} \longrightarrow ZnIn$$

（黄色）　　（红色）

三、仪器与试剂

1. 仪器

酸式滴定管、10.00mL 移液管、100mL 容量瓶、量筒、烧杯、分析天平、台秤、电炉或酒精灯。

2. 试剂

盐酸（1∶1）、EDTA 标准溶液（0.02mol/L）、Zn^{2+} 标准溶液 0.02mol/L、百里酚蓝指示剂（1g/L，用 20％乙醇溶解）、PAN 指示剂或二甲酚橙水溶液、氨水（1∶1）、六亚甲基四胺溶液（200g/L）、固体 NH_4F、铝盐试样。

四、实训步骤

（1）准确称取铝盐试样 0.5～1.0g，加入少量 1∶1 的盐酸及 50mL 水溶解，移入 100mL 容量瓶中稀释至刻度。

（2）移取试液 10.00mL，加水 20mL 及 $c(EDTA)=0.02mol/L$ 的 EDTA 标准溶液 30mL，以百里酚蓝为指示剂，用 1∶1 的氨水中和恰好成黄色（pH 为 3～3.5）。

（3）煮沸后加入六亚甲基四胺溶液 10mL，使 pH 为 5～6，用力震荡，用水冷却，加入 PAN 指示剂 10 滴，用 0.02mol/L 的 Zn^{2+} 标准溶液滴定至溶液由黄色变为紫红色（不计体积），再加入 NH_4F 1～2g。

（4）加热煮沸 2min，冷却，用 0.02mol/L 的 Zn^{2+} 标准溶液滴定至溶液由亮黄色变为紫红色为终点，记下消耗 Zn^{2+} 标准溶液的体积。平行测定 3 次。

五、数据处理

铝盐中铝含量的计算公式：

$$w(Al) = \frac{c(Zn^{2+})V(Zn^{2+}) \times 10^{-3} \times M(Al)}{m \times \dfrac{10}{100}} \times 100\%$$

式中　$w(Al)$——铝盐试样中 Al 的质量分数；

　　$c(Zn^{2+})$——Zn^{2+} 标准溶液的浓度，mol/L；

　　$V(Zn^{2+})$——滴定消耗 Zn^{2+} 标准溶液的体积，mL；

　　$M(Al)$——Al 的摩尔质量，g/mol；

m——铝盐试样的质量，g。

六、注意事项

1. 在整个的测定过程中，溶液要加热两次。

2. 由于返滴定法测定铝缺乏选择性，所有能与 EDTA 形成稳定配合物的离子都产生干扰，因此往往采用置换滴定法以提高选择性。

七、思考题

1. 什么叫置换滴定法？测定 Al^{3+} 为什么要用置换滴定法？

2. 本实验中第一次用 Zn^{2+} 标准溶液滴定 EDTA 为什么不记体积？若此时滴定过量对分析结果有何影响？

3. 若试样为工业硫酸铝，如何计算硫酸铝的质量分数，写出计算式？

4. 本实验使用的 EDTA 溶液要不要标定？

5. 加入氟化铵的目的是什么？

相关知识链接

置换滴定法是滴定分析的一种。置换滴定法是先加入适当的试剂与待测组分定量反应，生成另一种可滴定的物质，再利用标准溶液滴定反应产物，然后由滴定剂的消耗量，反应生成的物质与待测组分等物质的量的关系计算出待测组分的含量。这种滴定方式主要用于因滴定反应没有定量关系或伴有副反应而无法直接滴定的测定。

▶▶ 实训 7　　铅、铋混合液中 Pb^{2+} 和 Bi^{3+} 含量的连续测定

一、实训目标

1. 进一步熟练滴定操作和滴定终点的判断；

2. 掌握铅、铋测定的原理、方法和计算；

3. 掌握控制溶液酸度，用 EDTA 连续滴定铋、铅两种金属离子的原理和方法。

二、实训原理

Bi^{3+}、Pb^{2+} 均能与 EDTA 形成稳定的配合物，其 $\lg K$ 值分别为 27.94 和 18.04，两者稳定性相差很大，$\Delta pK > 9.90 > 6$。因此，可以用控制酸度的方法在一份试液中连续滴定 Bi^{3+} 和 Pb^{2+}。在测定中，均以二甲酚橙（XO）作指示剂，XO 在 pH < 6 时呈黄色，在 pH > 6.3 时呈红色；而它与 Bi^{3+}、Pb^{2+} 所形成的配合物呈紫红色，它们和稳定性与 Bi^{3+}、Pb^{2+} 和 EDTA 所形成的配合物相比要低；而且 $K_{Bi\text{-}XO} > K_{Pb\text{-}XO}$。

测定时，先用 HNO_3 调节溶液 pH = 1.0，用 EDTA 标准溶液滴定溶液由紫红色突变为亮黄色，即为滴定 Bi^{3+} 的终点。然后加入六亚甲基四胺溶液，使溶液 pH 为 5~6，此时

Pb^{2+} 与 XO 形成紫红色配合物,继续用 EDTA 标准溶液滴定至溶液由紫红色突变为亮黄色,即为滴定 Pb^{2+} 的终点。

三、仪器与试剂

1. 仪器

酸式滴定管、25.00mL 移液管、250mL 锥形瓶、烧杯。

2. 试剂

① 0.02mol/L EDTA 标准溶液、HNO_3 溶液(0.10mol/L)、六亚甲基四胺溶液(200g/L)、二甲酚橙 2g/L 水溶液。

② Bi^{3+}、Pb^{2+} 混合液:含 Bi^{3+}、Pb^{2+} 各约为 0.010mol/L,含 HNO_3 0.15mol/L。

四、实训步骤

1. 铋离子含量的测定

用移液管移取 25.00mL Bi^{3+}、Pb^{2+} 混合试液于 250mL 锥形瓶中,用 2mol/LNaOH 溶液和 2mol/L HNO_3 调节试液的酸度至 pH=1,再加入 10mL 0.10mol/L HNO_3、2 滴二甲酚橙,此时溶液呈紫红色。用 EDTA 标准溶液滴定溶液由紫红色突变为亮黄色,即为终点,记取 V_1(mL)。

2. 铅离子含量的测定

然后加入 10mL 200g/L 六亚甲基四胺溶液,溶液变为紫红色,继续用 EDTA 标准溶液滴定溶液由紫红色突变为亮黄色,即为终点,记下 V_2(mL)。平行测定三份,计算混合试液中 Bi^{3+} 和 Pb^{2+} 的含量(mol/L)及 V_1、V_2。

五、数据处理

混合液中 Pb^{2+},Bi^{3+} 含量的计算公式:

$$\rho(Bi^{3+}) = \frac{c(EDTA)V_1M(Bi)}{V}$$

$$\rho(Pb^{2+}) = \frac{c(EDTA)V_2M(Pb)}{V}$$

式中　$\rho(Bi^{3+})$——混合液中 Bi^{3+} 的含量,g/L;

$\rho(Pb^{2+})$——混合液中 Pb^{2+} 的含量,g/L;

$c(EDTA)$——EDTA 标准溶液的浓度,mol/L;

V_1——滴定 Bi^{3+} 时消耗 EDTA 标准溶液的体积,mL;

V_2——滴定 Pb^{2+} 时消耗 EDTA 标准溶液的体积,mL;

V——移取试液的体积,mL;

$M(Bi)$——Bi 的摩尔质量,g/mol;

$M(Pb)$——Pb 的摩尔质量,g/mol。

六、注意事项

1. Bi^{3+} 易水解,开始配制混合液时,所含 HNO_3 浓度较高,临使用前加水样稀释至

0.15mol/L 左右。

2. 调节试液的酸度至 pH＝1 时，可用精密 pH 试纸检验。但为了避免检验时试液被带出而引起损失，可先用一份试液做调节试验，再按所加入的 NaOH 量或 HNO₃ 量调节溶液的 pH 后，进行滴定。

七、思考题

1. 按本实验操作，滴定 Bi^{3+} 的起始酸度是否超过滴定 Bi^{3+} 的最高酸度？滴定至 Bi^{3+} 的终点时，溶液中酸度为多少？此时在加入 10mL 200g/L 六亚甲基四胺后，溶液 pH 约为多少？

2. 能否取等量混合试液两份，一份控制 pH≈1.0 滴定 Bi^{3+}，另一份控制 pH 为 5～6 滴定 Bi^{3+}、Pb^{2+} 总量？为什么？

3. 滴定 Pb^{2+} 时要调节溶液 pH 为 5～6，为什么加入六亚甲基四胺而不加入醋酸钠？

4. 用 EDTA 连续滴定多种金属离子的条件是什么？

相关知识链接

EDTA 溶液的标定：准确称取在 120℃烘干的碳酸钙 0.5～0.55g 一份，置于 250mL 的烧杯中，用少量蒸馏水润湿，盖上表面皿，缓慢加 1：1HCl 10mL，加热溶解定量地转入 250mL 容量瓶中，定容后摇匀。吸取 25mL，注入锥形瓶中，加 20mL NH₃-NH₄Cl 缓冲溶液，铬黑 T 指示剂 2～3 滴，用欲标定的 EDTA 溶液滴定到由紫红色变为纯蓝色即为终点，计算 EDTA 溶液的准确浓度。

▶▶ 实训 8   过氧化氢含量的测定

一、实训目标

1. 学习 $KMnO_4$ 法测定 H_2O_2 的原理及方法；
2. 了解 $KMnO_4$ 自身指示剂的特点。

二、实训原理

H_2O_2 在酸性溶液中本身是一个强氧化剂，但遇到 $KMnO_4$ 时表现为还原剂：

$$5H_2O_2 + 2MnO_4^- + 6H^+ \longrightarrow 2Mn^{2+} + 5O_2\uparrow + 8H_2O$$

开始时反应速率缓慢，待 Mn^{2+} 生成后，由于其催化作用，反应速率加快。

三、仪器、试剂与试液

1. 仪器

棕色滴定管、25.00mL 移液管、250mL 容量瓶、250mL 锥形瓶、烧杯、滴瓶、台秤、分析天平。

2. 试剂

KMnO$_4$ 标准溶液 $[c(\frac{1}{5}KMnO_4)=0.1mol/L]$、H$_2SO_4$ 溶液（约 20%）。

3. 试液

双氧水试液。

四、实训步骤

1. 量取 1.8mL（2g）30% 过氧化氢，注入具塞小锥形瓶中，称准至 0.0002g，移入 250mL 容量瓶中，稀释至刻度，充分摇匀。

2. 用移液管吸取试液 25.00mL，放入锥形瓶中，加 H$_2$SO$_4$ 溶液（20%）10mL，用 $c(\frac{1}{5}KMnO_4)=0.1mol/L$ 的 KMnO$_4$ 标准溶液滴定至溶液呈微红色，30s 不褪色为终点。记录 KMnO$_4$ 体积，平行测定 3 次。根据 KMnO$_4$ 标准溶液的浓度和消耗 KMnO$_4$ 的体积，计算试样中 H$_2$O$_2$ 的百分含量。

五、数据处理

试样中双氧水含量计算公式：

$$w(H_2O_2)=\frac{c(\frac{1}{5}KMnO_4)V(KMnO_4)\times10^{-3}\times M(\frac{1}{2}H_2O_2)}{m\times\frac{25}{250}}\times100\%$$

式中　$c(\frac{1}{5}KMnO_4)$——以 $\frac{1}{5}KMnO_4$ 为基本单元的物质的量浓度，mol/L；

　　　$V(KMnO_4)$——滴定消耗 KMnO$_4$ 的体积，mL；

　　　$M(\frac{1}{2}H_2O_2)$——以 $\frac{1}{2}$ H$_2$O$_2$ 为基本单元的摩尔质量，g/mol；

　　　m——试样的质量，g。

六、注意事项

1. 过氧化氢具有强氧化性，使用时避免接触皮肤。

2. 开始滴定时，溶液能使反应加速进行的 Mn^{2+} 减少，所以反应很慢，在第一滴 KMnO$_4$ 还没有完全褪色以前，不加入第二滴。后来可以稍快，但过快则局部 KMnO$_4$ 过浓而分解，放出 O$_2$ 或引起杂质的氧化，都可造成误差。

3. KMnO$_4$ 标准溶液滴定时的终点较不稳定，当溶液出现微红色，在 30s 内不褪时，滴定就可认为已经完成，如对终点有疑问时，可先将滴定管读数记下，再加入 1 滴 KMnO$_4$ 标准溶液，发生紫红色即证实终点已到，滴定时不要超过计量点。

4. KMnO$_4$ 标准溶液应放在酸式滴定管中，由于 KMnO$_4$ 溶液颜色很深，液面凹下弧线不易看出，因此，应该从液面最高边上读数。

七、思考题

1. H_2O_2 有什么重要性质？使用时应注意些什么？

2. 用 $KMnO_4$ 法测定 H_2O_2 溶液时，能否用 HNO_3、HCl 和 HAc 控制酸度？为什么？

相关知识链接

$KMnO_4$ 溶液的配制及标定过程中，为了使上述反应能快速定量地进行，应注意以下条件：

（1）温度　在室温下，上述反应的速度缓慢，因此常需将溶液加热至 $75\sim85℃$ 时进行滴定。滴定完毕时溶液的温度也不应低于 $60℃$。而且滴定时溶液的温度也不宜太高，超过 $90℃$，部分 $H_2C_2O_4$ 会发生分解。

（2）酸度　溶液应保持足够的酸度。酸度过低，$KMnO_4$ 易分解为 MnO_2；酸度过高，会促使 $H_2C_2O_4$ 的分解。

（3）滴定速度　由于上述反应是一个自动催化反应，随着 Mn^{2+} 的产生，反应速率逐渐加快。特别是滴定开始时，加入第一滴 $KMnO_4$ 时，溶液褪色很慢（溶液中仅存在极少量的 Mn^{2+}），所以开始滴定时，应逐滴缓慢加入，在 $KMnO_4$ 红色没有褪去之前，不急于加入第二滴。待几滴 $KMnO_4$ 溶液加入，反应迅速之后，滴定速度就可以稍快些。

（4）滴定终点　用 $KMnO_4$ 溶液滴定至终点后，溶液中出现的粉红色不能持久。因为空气中的还原性物质和灰尘等能与其缓慢作用，使其还原，故溶液的粉红色逐渐褪去。所以，滴定至溶液出现粉红色且半分钟内不褪色，即可认为达到了滴定终点。

阅读材料

过氧化氢的用途

过氧化氢溶液，化学式为 H_2O_2，其水溶液俗称双氧水，外观为无色透明液体，是一种强氧化剂，适用于伤口消毒及环境、食品消毒。

化学工业用作生产过硼酸钠、过碳酸钠、过氧乙酸、亚氯酸钠、过氧化硫脲等的原料，酒石酸、维生素等的氧化剂。医药工业用作杀菌剂、消毒剂，以及生产福美双杀虫剂和 401 抗菌剂的氧化剂。印染工业用作棉织物的漂白剂，还原染料染色后的发色剂。用于生产金属盐类或其他化合物时除去铁及其他重金属。也用于电镀液，可除去无机杂质，提高镀件质量。还用于羊毛、生丝、皮毛、羽毛、象牙、猪鬃、纸浆、脂肪等的漂白。高浓度的过氧化氢可用作火箭动力燃料。

健康危害：吸入该蒸气或雾对呼吸道有强烈刺激性。眼直接接触液体可致不可逆损伤甚至失明。口服中毒出现腹痛、胸口痛、呼吸困难、呕吐、一时性运动和感觉障碍、体温升高等。个别病例出现视力障碍、癫痫样痉挛、轻瘫。

▶▶ 实训 9　　胆矾中 $CuSO_4 \cdot 5H_2O$ 含量的测定

一、实训目标

1. 掌握铜盐中铜的测定原理和碘量法的测定方法；
2. 学会 $Na_2S_2O_3$ 溶液的标定方法；
3. 学习终点的判断和观察。

二、实训原理

在以 HAc 为介质的酸性溶液中（pH 为 3～4）Cu^{2+} 与过量的 I^- 作用生成不溶性的 CuI 沉淀并定量析出 I_2：

$$2Cu^{2+} + 4I^- \longrightarrow 2CuI \downarrow + I_2$$

生成的 I_2 用 $Na_2S_2O_3$ 标准溶液滴定，以淀粉为指示剂，滴定至溶液的蓝色刚好消失即为终点。

$$I_2 + 2S_2O_3^{2-} \longrightarrow 2I^- + S_4O_6^{2-}$$

由于 CuI 沉淀表面吸附 I_2 故分析结果偏低，为了减少 CuI 沉淀对 I_2 的吸附，可在大部分 I_2 被 $Na_2S_2O_3$ 溶液滴定后，再加入 KCN 或 KSCN，使 CuI 沉淀转化为更难溶的 CuSCN 沉淀。

$$CuI + SCN^- \longrightarrow CuSCN \downarrow + I^-$$

CuSCN 吸附 I_2 的倾向较小，因而可以提高测定结果的准确度。

根据 $Na_2S_2O_3$ 标准溶液的浓度，消耗的体积及试样的重量，计算试样中铜的含量。

三、仪器与试剂

1. 仪器

碱式滴定管、10.00mL 移液管、250mL 锥形瓶、量筒、碘量瓶、台秤、分析天平。

2. 试剂

① 硫酸溶液（1mol/L）、KSCN 溶液（10%）、KI 溶液（10%）、淀粉溶液（0.5%）、碳酸钠、重铬酸钾标准溶液。

② $Na_2S_2O_3$ 溶液（0.1mol/L）

称取 $Na_2S_2O_3 \cdot 5H_2O$ 6.5g 溶于 250mL 新煮沸的冷蒸馏水中，加 0.05g 碳酸钠保存于棕色瓶中，置于暗处，一天后标定。

四、实训步骤

胆矾中铜的测定：准确称取 $CuSO_4 \cdot 5H_2O$ 试样 0.5～0.6g 两份，分别置于锥形瓶中，加 3mL 1mol/L H_2SO_4 溶液和 100mL 水使其溶解，加入 10% KI 溶液 10mL，立即用 0.1mol/L $Na_2S_2O_3$ 溶液滴定至浅黄色，然后加入 3mL 淀粉作指示剂，继续滴至浅蓝色。再加 10% KSCN 10mL，摇匀后，溶液的蓝色加深，再继续用 $Na_2S_2O_3$ 标准溶液滴定至蓝色刚好消失为终点。同时做空白试验，平行测定 3 次。

五、数据处理

胆矾中 $CuSO_4 \cdot 5H_2O$ 含量的计算公式：

$$w = \frac{c(Na_2S_2O_3)(V_1 - V_2) \times 10^{-3} \times M}{m} \times 100\%$$

式中　　　　　w——胆矾中 $CuSO_4 \cdot 5H_2O$ 的质量分数；

$c(Na_2S_2O_3)$——$Na_2S_2O_3$ 标准溶液的浓度，mol/L；

　　　　V_1——滴定时消耗 $Na_2S_2O_3$ 标准溶液的体积，mL；

　　　　V_2——空白试验消耗 $Na_2S_2O_3$ 标准溶液的体积，mL；

　　　　m——胆矾试样的质量，g；

　　　　M——$CuSO_4 \cdot 5H_2O$ 的摩尔质量，g/mol。

六、注意事项

1. 无论在标定 $Na_2S_2O_3$ 溶液或是在测定铜盐的含量时，都需要适当的酸度才能保证反应定量完成，酸度过大或过小都将引起副反应，此反应在中性或弱酸性介质中进行为宜。

2. 由于 Cu_2I_2 沉淀表面吸附 I_2，致使分析结果偏低。为了减少 Cu_2I_2 沉淀对 I_2 的吸附，在滴定过程中应充分振摇，或在大部分 I_2 被 $Na_2S_2O_3$ 溶液滴定后，加入 KSCN（或 NH_4SCN），使 Cu_2I_2 沉淀转化为更难溶的 CuSCN 沉淀：

$$Cu_2I_2 + 2SCN^- \longrightarrow 2I^- + 2CuSCN\downarrow$$

CuSCN 沉淀吸附 I_2 的倾向较小，因而可以提高测定结果的准确度。

七、思考题

1. 如何配制和保存 $Na_2S_2O_3$ 溶液？

2. 用 $K_2Cr_2O_7$ 作基准物质标定 $Na_2S_2O_3$ 溶液时，为什么要加入过量的 KI 和 HCl 溶液？为什么要放置一定时间后才能加水稀释？为什么在滴定前还要加水稀释？

3. 本实训加入 KI 的作用是什么？

4. 本实训为什么要加入 NH_4SCN？为什么不能过早地加入？

5. 若试样中含有铁，则加入何种试剂以消除铁对测定铜的干扰并控制溶液 pH 值？

相关知识链接

五水硫酸铜也被称作硫酸铜晶体。俗称蓝矾、胆矾或铜矾。具有催吐，祛腐，解毒；治疗喉痹，癫痫，牙疳，口疮，烂弦风眼，痔疮，肿毒的功效并且有一定的副作用。

胆矾是天然的含水硫酸铜，是分布很广的一种硫酸盐矿物。它是铜的硫化物被氧分解后形成的次生矿物。胆矾产于铜矿床的氧化带，也经常出现在矿井的巷道内壁和支柱上，这是由矿井中的水结晶而成的。胆矾的晶体成板状或短柱状，这些晶体集合在一起则呈粒状、块状、纤维状、钟乳状、皮壳状等。它们具有漂亮的蓝色，但如果暴露在干燥的空气中会由于失去水而变成白色粉末。同时胆矾极易溶于水。胆矾是颜料、电池、杀虫剂、木材防腐等方面的化工原料。

▶▶ 实训 10　水中氯含量的测定

一、实训目标

1. 掌握莫尔法测定水中氯离子含量的原理和方法；
2. 学会正确判断滴定终点。

二、实训原理

采用莫尔法。测定水中 Cl^- 时，加入 K_2CrO_4 为指示剂，以 $AgNO_3$ 标准溶液滴定，根据分步沉淀原理，首先生成 AgCl 白色沉淀。

$$Ag^+ + Cl^- \longrightarrow AgCl \downarrow （白色）$$

当达到计量点时，水中 Cl^- 已被全部滴定完毕，稍过量的 Ag^+ 便与 K_2CrO_4 生成砖红色 Ag_2CrO_4 沉淀，而指示滴定终点，即

$$2Ag^+ + CrO_4^{2-} \longrightarrow Ag_2CrO_4 \downarrow （砖红色）$$

根据 $AgNO_3$ 标准溶液的浓度和用量，便可求得水中 Cl^- 的含量。

三、仪器与试剂

1. 仪器

棕色滴定管，锥形瓶，量筒，移液管。

2. 试剂

10% K_2CrO_4、0.01411mol/L 氢氧化钠标准溶液，$c(AgNO_3) = 0.014mol/L$ 标准溶液（用不含 Cl^- 的蒸馏水粗略配制近似浓度的溶液，用上述 NaCl 标准溶液标定其准确浓度，步骤如下：吸取 20.00mL 置于干净的锥形瓶中，加水 30mL，加入 10% K_2CrO_4 0.5mL，在不断摇动下用待标定的 $AgNO_3$ 溶液滴定至溶液橙红色刚刚出现即为终点，记录消耗的 $AgNO_3$ 标准溶液的体积，同时在相同条件下做空白试验。平行测定 3 次。计算出 $AgNO_3$ 溶液的浓度。

四、实训步骤

（1）准确吸取 100.00mL 水样置于干净的锥形瓶中，另取一份放于另一个锥形瓶中，做空白试验。

（2）如果水样的 pH 在 6.5～10.5 范围时，可直接滴定，超过此范围的水样，以酚酞做指示剂，用稀硝酸将 pH 调节至 8 左右。

（3）加 K_2CrO_4 1mL，在不断摇动下，在不断摇动下用 $AgNO_3$ 标准溶液滴至砖红色沉

淀出现并不褪，即为终点。记录消耗的 $AgNO_3$ 标准溶液的体积 V，同时在相同条件下做空白试验（以 $CaCO_3$ 作衬底）。

五、数据处理

水中氯含量的计算公式：

$$c(mg/L) = \frac{c(AgNO_3) \times (V-V_0)M(Cl)}{V_{水}} \times 1000$$

式中　$c(AgNO_3)$ ——$AgNO_3$ 标准溶液的浓度，mol/L；

　　　　　V——水样消耗 $AgNO_3$ 标准溶液量，mL；

　　　　　V_0——空白消耗 $AgNO_3$ 标准溶液量，mL；

　　　　　$V_{水}$——水样体积，mL；

　　　　　$M(Cl)$ ——氯的相对原子质量，g/mol。

六、注意事项

1. 滴定时必须剧烈摇动。析出的 AgCl 会吸附溶液中过量的构晶离子 Cl^-，使溶液中 Cl^- 浓度降低，导致终点提前（负误差）。所以滴定时必须剧烈摇动滴定瓶，防止 Cl^- 被 AgCl 吸附。

2. 莫尔法只适用于 $AgNO_3$ 标准溶液直接滴定 Cl^- 和 Br^-，而不适用于滴定 I^- 和 SCN^-，由于 AgI 和 AgSCN 沉淀更强烈地吸附 I^- 和 SCN^-，使终点变色不明显，误差较大。

3. 莫尔法只能用于测定水中的 Cl^- 和 Br^- 的含量，但不能用 NaCl 标准溶液直接滴定 Ag^+。

七、思考题

1. 莫尔法测 Cl^- 应控制 pH 范围是多少？为什么？自来水水样为什么不调 pH 就进行测定？若取其他水样，是否需要调节 pH？如何调节？

2. 说明莫尔法用 K_2CrO_4 指示剂滴定终点的原理？

3. 用莫尔法能否测定 I^- 和 SCN^-，为什么？

相关知识链接

莫尔法中控制溶液 pH 值：在中性或弱碱性溶液中，pH 为 6.5～10.5

$$2CrO_4^{2-} + 2H^+ \longrightarrow Cr_2O_7^{2-} + H_2O$$

当 pH 值偏低，呈酸性时，平衡向右移动，CrO_4^{2-} 减少，导致终点拖后而引起滴定误差较大（正误差）。当 pH 值增大，呈碱性时，Ag^+ 将生成 Ag_2O 沉淀。

说明：如有 NH_4^+ 存在，需控制 pH 为 6.5～7.2，因碱性条件下 NH_4^+ 转化为 NH_3，Ag^+ 与 NH_3 反应形成配离子，使测定结果偏高。

水中氯气对人体的伤害

自来水中氯气会让头发产生干涩、断裂、分叉。余氯容易通过人体皮肤被吸收体皮肤表层遍布毛孔和汗腺，在与自来水接触的瞬间，余氯可以很容易的通过这些细微的毛孔进入被人体皮肤所吸收。

用含有余氯的自来水洗澡，浴室内氯气的总量中有四成是经由呼吸道吸入，三成是由皮肤吸收，是平常通过饮用进入人体体内氯的 6～8 倍，轻者产生瘙痒，长期用含余氯的水洗澡日积月累到中年致癌率会增加 30%。

水中的氯（消毒剂）会让肌肤漂白化、皮肤层脱落、甚至产生皮癣过敏等症状。科学研究证明，自来水的氯会与水中的有机物产生三卤甲烷的致癌物质，这种物质随着氯的增加而增加，并且用煮沸的方法也不能去除；自来水的氯很容易被皮肤、鼻孔、口腔、毛发、眼睛、肺部等器官快速吸收，儿童稚嫩的皮肤和毛发对此更为敏感。

▶▶ **实训 11　氯化钡中结晶水含量的测定**

一、实训目标

1. 掌握重量分析法的基本操作；
2. 学会气化法测定氯化物中结晶水的方法。

二、实训原理

结晶水是水合结晶物质中结构内部的水，加热至一定温度，即可以失去。失去结晶水的温度往往随物质的不同而异，如 $BaCl_2 \cdot 2H_2O$ 的结晶水加热到 120～125℃ 即可失去。

称取一定质量的结晶氯化钡，在上述温度下加热到质量不再改变时为止。试样减少的质量就等于结晶水的质量。

三、仪器与试剂

1. 仪器

称量瓶、干燥器、电热干燥箱、电子天平、分析天平、坩埚钳。

2. 试剂

$BaCl_2 \cdot 2H_2O$。

四、实训步骤

1. 试样的称取

取两个称量瓶，仔细洗净后置于烘箱中（烘时应将瓶盖取下横置于瓶口上），在125℃温度下烘干，约烘1.5～20h后把称量瓶及盖一起放在干燥器中。冷却至室温，在电子天平上准确称取其重量。在将称量瓶放入烘箱中烘干、冷却、称量，重复进行，直至恒重。

称取1.4～1.5g的$BaCl_2 \cdot 2H_2O$两份，分别置于已恒重的称量瓶中，盖好盖子，再准确称其重量。在所得重量中减去称量瓶的重量，即得$BaCl_2 \cdot 2H_2O$试样重量。

2. 烘去结晶水

将盛有试样的称量瓶放入加热至125℃的烘箱中，瓶盖横放于瓶口上，保持约2h。然后用坩埚钳将称量瓶移入干燥器内；冷却至室温后把称量瓶盖好，准确称其重量。再在125℃温度下烘半小时，取出放入干燥器中冷却，再准确称其重量，如此反复操作，直至恒重。

由称量瓶和试样重量中减去最后称出的重量（即称量瓶和$BaCl_2$的重量），即得结晶水的重量。平行测定3次。

五、数据处理

$$w(H_2O) = \frac{m_1 - m_2}{m} \times 100\%$$

式中　$w(H_2O)$——氯化钡中结晶水的含量；

m_1——试样和称量瓶烘干前的质量，g；

m_2——试样和称量瓶烘干后的质量，g；

m——试样质量，g。

六、注意事项

1. 温度不要高于125℃，否则$BaCl_2$可能有部分挥发。
2. 在热的情况下，称量瓶盖子不要盖严，以免冷却后盖子不易打开。
3. 加热时间不能少于1h。
4. 两次重量之差在0.2mg以下，即可认为达到恒重。
5. 空瓶称量的恒重与试样烘干的恒重是实验成败的关键。

七、思考题

1. 加热的温度为什么要控制在125℃以下？
2. 加热的时间应该控制多少？
3. 什么叫恒重，如何进行恒重的操作？
4. 在加热时应注意什么问题？
5. 空称量瓶为什么要先烘干至质量恒定？若没有烘干至恒重，对测定结果有什么样的影响？

相关知识链接

称量瓶的使用：洗净并烘干称量瓶，放置在干燥器中备用。用纸带将称量瓶从天平上取下，拿到接收器上方，用纸片夹住盖柄，打开瓶盖，（盖亦不要离开接受器口上方）将瓶身慢慢向下倾斜，用瓶盖轻敲瓶口内边缘，使试样落入容器中。接近需要量时，一边继续用盖轻敲瓶口，一边逐步将瓶身竖直。使其在瓶口附近的试样落入瓶中。盖好瓶盖，放入天平盘，取出纸带，称其质量。量不够时，继续按上述方法进行操作，直至称够所需的物质为止。称量完毕后，将称量瓶放回原干燥器中。

第二节 有机分析应用实训项目

▶▶ 实训 1 溴代法测定苯酚含量

一、实训目标

1. 掌握溴量法与碘量法配合测定苯酚的原理和方法；
2. 掌握空白试验的作用、方法及分析结果的计算；
3. 熟练容量瓶、吸量管及碘量瓶的使用方法。

二、实训原理

溴酸钾是强氧化剂。在过量溴化钾存在下，$KBrO_3$-KBr 标准溶液酸化时生成一定量的 Br_2。Br_2 能与苯酚发生取代反应，生成三溴苯酚沉淀；剩余的 Br_2 用 KI 还原，生成的 I_2 再用 $Na_2S_2O_3$ 标准滴定溶液滴定。反应如下：

$$BrO_3^- + 5Br^- + 6H^+ \longrightarrow 3Br_2 + 3H_2O$$

$$Br_2(剩余) + 2KI \longrightarrow 2KBr + I_2$$

$$I_2 + 2NaI \longrightarrow 2NaI + Na_2S_4O_6$$

可以看出被测物苯酚（C_6H_5OH）与标准 $Na_2S_2O_3$ 物质的量之间有下列相当关系：

$$n(C_6H_5OH) = 3n(Br_2) = 3n(I_2) = 6n(Na_2S_2O_3)$$

显然应取 $\dfrac{1}{6}C_6H_5OH$ 作为基本单元。由产生 Br_2 的量（相当于空白试验消耗 $Na_2S_2O_3$ 的量）即可求出试样中苯酚的含量。

三、仪器与试剂

1. 仪器
滴定分析仪器、25mL 吸量管、250mL 容量瓶、250mL 碘量瓶。
2. 试剂
硫代硫酸钠标准滴定溶液(0.1mol/L)、溴酸钾、溴化钾、碘化钾溶液(100g/L)、盐酸溶液(1+1)、淀粉指示液(5g/L 水溶液)。

四、实训步骤

1. $c(\frac{1}{6}KBrO_3)$＝0.1mol/L KBrO$_3$-KBr 标准溶液的配制

称取 0.6g（称准至 0.1g）溴酸钾和 3g 溴化钾，溶于 200mL 水中，摇匀备用。

2. 苯酚含量的测定

称取工业苯酚试样 0.3g（称准至 0.0002g）于 100mL 烧杯中，加水溶解，定量转移至 250mL 容量瓶中，以水稀释至刻度，摇匀。

用吸量管吸取上述试液 25.00mL 于 250mL 碘量瓶中，用滴管准确加入 $c(\frac{1}{6}KBrO_3)$＝0.1mol/L KBrO$_3$-KBr 标准溶液 30.00mL；加入（1+1）盐酸溶液 10mL，立即盖上瓶塞，摇动 1~2min，于暗处静置 10min。微启瓶塞加入碘化钾溶液 10mL，盖紧瓶塞，摇匀，静置 5min。以洗瓶吹洗瓶塞及瓶颈上的附着物。加水 25mL，用 $c(Na_2S_2O_3)$＝0.1mol/L 硫代硫酸钠标准滴定溶液滴定至淡黄色，加淀粉指示液 3mL，继续滴定至蓝色消失为终点。

平行测定二份试液。同时以 25.00mL 蒸馏水代替试液按同样步骤做空白试验。

五、数据处理

工业苯酚纯度按下式计算：

$$w(C_6H_5OH)＝\frac{c(Na_2S_2O_3)(V_1-V_2)\times 15.68}{m\times \frac{25}{250}}$$

式中　$c(Na_2S_2O_3)$——硫代硫酸钠标准滴定溶液的实际浓度，mol/L；

　　　　V_1——空白消耗硫代硫酸钠标准滴定溶液的体积，L；

　　　　V_2——试样消耗硫代硫酸钠标准滴定溶液的体积，L；

　　　　15.68——$\frac{1}{6}$C$_6$H$_5$OH 的摩尔质量，g/mol；

　　　　m——试样质量，g。

六、思考题

1. 本试验所用 KBrO$_3$-KBr 标准溶液为什么没有标定其准确浓度？

2. 为什么在试液中先加 KBrO$_3$-KBr 标准溶液后，后加盐酸？若改变加入顺序会有什么后果？

3. 测定苯酚为什么要使用碘量瓶？若用普通锥形瓶会产生什么影响？

4. 测定过程中两次静置的目的是什么？

相关知识链接

苯酚易吸湿，称样要迅速，以防试样吸湿使测定数据不准。在教学实训中，可预先称取较大量试样，以水定容。让学生移取一定量试液进行测定。苯酚能烧伤皮肤，切勿洒在皮肤上。如不慎皮肤沾上苯酚，应立即用大量水冲洗，并用乙醇擦洗。

▶▶ 实训2　重氮化法测定磺胺类药物含量

一、实训目标

1. 掌握重氮化法测定磺胺类药物含量的原理和操作；
2. 了解使用外用指示剂指示反应终点的注意事项。

二、实训原理

在无机酸存在下亚硝酸与磺胺上的芳伯氨基发生重氮化反应，反应完成后稍过量的亚硝酸用指示剂检出，根据亚硝酸钠标准溶液的消耗量计算磺胺类药物的含量。

主要反应

$$RNHSO_2 \!-\!\!\!\!\bigcirc\!\!\!\!-\!NH_2 + NaNO_2 + 2HCl \longrightarrow RNHSO_2 \!-\!\!\!\!\bigcirc\!\!\!\!-\!N_2Cl + NaCl + 2H_2O$$

$$2KI + 2HNO_2 + 2HCl \longrightarrow I_2 + 2KCl + 2NO + 2H_2O$$

本实训测定磺胺片剂。

三、仪器、试剂与试样

1. 仪器

烧杯、碱式滴定管、温度计（分度值1℃）、研钵、磁力搅拌器、可调温电炉。

2. 试剂

对氨基苯磺酸（基准无水）、氨水（25％）、溴化钾、盐酸溶液（6mol/L）、亚硝酸钠、淀粉-碘化钾试纸、中性红（0.5％的60％乙醇液）。

3. 试样

磺胺嘧啶。

四、实训步骤

1. 0.1mol/L亚硝酸钠标准溶液的配制与标定

称取7.2g亚硝酸钠于1000mL烧杯中，加适量已煮沸并冷却至室温的水溶解，以水稀至1000mL，摇匀，转入具有玻璃塞的棕色瓶中保存。

准确称取经120℃干燥至恒重的基准无水对氨基苯磺酸约0.5g于250mL烧杯中，加100mL水和3mL 25％氨水，溶解后，加20mL 6mol/L盐酸，控制溶液温度在30℃以下，将装有亚硝酸钠溶液的滴定管尖端插入溶液液面下约2/3处，开启磁力搅拌器，迅速滴定亚硝酸钠溶液至需要量的95％，然后提起滴定管尖端，用少量水淋洗尖端，洗液并入溶液，加2滴中性红指示剂，继续缓缓滴定至溶液刚好出现浅蓝色，用玻璃棒蘸1滴反应液于淀粉-碘化钾试纸上，试纸立即变蓝，继续搅拌5min，再取1滴于试纸上，试纸仍立即变蓝说明终点已到；否则说明终点未到，应继续缓慢滴定直至终点。

亚硝酸钠溶液的浓度按下式计算

$$c = \frac{m_1 \times 1000}{V_1 \times 173.2}$$

式中　　m_1——对氨基苯磺酸的质量，g；

V_1——标定亚硝酸钠浓度时所耗亚硝酸钠的体积，mL；

173.2——对氨基苯磺酸的摩尔质量，g/mol。

同样的方法再标定一次，两次标定结果的相对误差不得大于1%。

2. 测定磺胺

取10片磺胺于研钵中研细。准确称取0.5g研细的磺胺于250mL烧杯中，加100mL水和10mL 6mol/L盐酸，加热溶解磺胺，待溶液冷至室温后，加2g溴化钾和2滴中性红指示剂，开启磁力搅拌器，按标定亚硝酸钠的方法，以0.1mol/L亚硝酸钠标准液滴至溶液由紫红色变为绿色为终点。

五、数据处理

磺胺的含量按下式计算

$$w(磺胺) = \frac{VcM}{m \times 1000} \times 100\%$$

式中　　V——试样消耗亚硝酸钠标准液体积，mL；

c——亚硝酸钠标准液浓度，mol/L；

M——试样的摩尔质量，g/mol；

m——试样的质量，g。

六、注意事项

1. 需要量的95%可事先由理论计算，计算时假定亚硝酸钠溶液浓度为0.1mol/L，0.5g对氨基苯磺酸需要量的95%约为27.5mL。试样应初测一次。

2. 中性红指示剂在终点前后颜色变化为紫色→无色→浅蓝色，因浅蓝色很淡不易观察到，初次实验应滴至无色后就用淀粉－碘化钾试纸检验终点。

3. 淀粉－碘化钾试纸一定要新鲜并储于棕色瓶中随用随取；不能事先取出放在空气中，因为在酸性环境中碘离子有可能被空气中的氧氧化成碘而造成误判。

4. 测定磺胺中性红指示剂可在滴定前加入，有些磺胺的终点颜色为纯蓝色。

七、思考题

下列操作对实验结果有无影响？为什么？

1. 滴定实验开始前就将淀粉-碘化钾试纸从棕色玻璃瓶中取出，放在实验台面上。

2. 多次用玻璃棒蘸反应液与淀粉-碘化钾试纸上观察终点到否。

3. 测磺胺未加溴化钾，滴定速度很快。

4. 标定亚硝酸钠溶液只用淀粉-碘化钾试纸判断终点到否。

5. 标定亚硝酸钠溶液只用中性红指示剂判断终点到否。

相关知识链接

磺胺类药物是对氨基苯磺酰胺及其磺酰胺官能团中的氢原子被其他基团取代的一系列衍生物的总称，大多数磺胺含有芳伯氨基团。重氮化法可测定下列磺胺类药物，如磺胺多辛、磺胺酰胺钠、磺胺嘧啶锌、磺胺嘧啶银、磺胺嘧啶钠、磺胺嘧啶软膏、磺胺嘧啶眼膏等。

▶▶ 实训 3　韦氏法测定油脂碘值

一、实训目标

1. 掌握韦氏法测定油脂碘值的原理和操作；
2. 了解韦氏液的配制方法。

二、实训原理

韦氏法主要用来测定动、植物油脂的碘值。碘值指在规定条件下 100g 试样消耗多少克碘；它是物质不饱和度的一种量度。

韦氏液的主要成分是氯化碘，氯化碘与试样中的不饱和键发生加成反应，反应完成后加入碘化钾将剩余的氯化碘转化成等量的碘，以硫代硫酸钠标准液滴定碘，同样条件进行空白试验，空白与试样消耗硫代硫酸钠标准液的差值即为试样发生加成反应所消耗的氯化碘量，由此计算出试样的碘值。

主要反应

$$\diagup C=C \diagdown \;+ICl \longrightarrow \; \overset{I}{\underset{}{C}}-\overset{Cl}{\underset{}{C}}$$

$$ICl+KI \longrightarrow I_2+KCl$$

$$I_2+2Na_2S_2O_3 \longrightarrow 2NaI+Na_2S_4O_6$$

三、仪器、试剂与试样

1. 仪器

碘量瓶、移液管、量筒、碱式滴定管。

2. 试剂

韦氏液（0.1mol/L）、四氯化碳或三氯甲烷、碘化钾溶液（15%）、淀粉液（0.5%）、硫代硫酸钠标准液（0.1mol/L）。

3. 试样

菜籽油或亚麻籽油。

四、实训步骤

准确称取 0.25～0.30g 菜籽油（亚麻籽油 0.15～0.17g）于干燥的碘量瓶中，加 10mL 四氯化碳摇动，待试样溶解后准确加入 25.00mL 韦氏液，塞紧瓶塞并用数滴 15％碘化钾溶液滴入瓶塞周围（不得流入瓶内）以封闭瓶口，于室温暗处放置 30min，用 20mL 15％碘化钾溶液倾于瓶口，轻轻转动瓶塞，使碘化钾溶液缓缓流入瓶内，轻轻摇动混合均匀，打开瓶塞，以 100mL 水冲洗瓶塞及瓶口，用 0.1mol/L 硫代硫酸钠标准液滴至淡黄色后，加 0.5％淀粉液 2mL，继续滴定至蓝色恰好消失为终点。

同样条件进行空白试验。

五、数据处理

试样的碘值按下式计算

$$碘值 = \frac{(V_0 - V)c \times 126.9}{m \times 1000} \times 100$$

式中　V_0——空白消耗硫代硫酸钠标准液体积，mL；

$\quad\quad V$——试样消耗硫代硫酸钠标准液体积，mL；

$\quad\quad c$——硫代硫酸钠标准液浓度，mol/L；

$\quad\quad m$——试样的质量，g；

126.9——碘的摩尔质量，g/mol。

六、注意事项

1. 一般规定碘值在 150 以下放 30min，150 以上放 60min。
2. 配制及使用韦氏液时，需严防水分进入。
3. 样品试验和空白试验条件必须完全一致，特别是加入韦氏液的速度必须一致。

七、思考题

1. 实验用的玻璃仪器是否必须干燥？
2. 能否用含有还原性杂质的冰乙酸配制韦氏液？如何检验和处理冰乙酸中的还原性杂质？

相关知识链接

韦氏液的配制方法一：称取三氯化碘 8g 于干燥的 500mL 烧杯中，加冰乙酸 200mL 使其溶解；另取研细的碘 9g 于干燥的 500mL 烧杯中，加四氯化碳 300mL 使其溶解，将两种溶液混合后用冰乙酸稀至 1000mL，贮于棕色试剂瓶中避光保存。方法二：取一氯化碘 16.5g 于 1000mL 干燥的烧杯中，加冰乙酸 1000mL 溶解，然后转入棕色试剂瓶中，避光保存。方法三：取 13.0g 研细的碘于 1000mL 干燥的烧杯中，加 1000mL 冰乙酸（分几次加入），微微加热，待碘溶解后，冷至室温，留取 200mL 碘的冰乙酸溶液，其余转入棕色试剂瓶中通入干燥的氯气，至溶液由红棕色变为橘红色，经检验合格后使用。

▶▶ 实训 4 亚硫酸钠法测定甲醛含量

一、实训目标

1. 掌握亚硫酸钠法测定醛类的反应原理；
2. 熟练掌握亚硫酸钠法测定甲醛含量的操作方法。

二、实训原理

甲醛与中性亚硫酸钠作用生成 α-羟基磺酸钠和一分子氢氧化钠；以百里香酚蓝为指示剂用硫酸标准液滴定反应生成的氢氧化钠，根据硫酸标准液的消耗量计算出试样中甲醛的含量。

反应如下：

$$\begin{matrix} H \\ | \\ C=O \\ | \\ H \end{matrix} + Na_2SO_3 + H_2O \longrightarrow \begin{matrix} H \quad OH \\ \diagdown \; | \\ C \\ \diagup \; | \\ H \quad SO_3Na \end{matrix} + NaOH$$

$$2NaOH + H_2SO_4 \longrightarrow Na_2SO_4 + 2H_2O$$

三、仪器、试剂与试样

1. 仪器

锥形瓶、量筒、酸式滴定管。

2. 试剂

硫酸标准溶液（0.5mol/L）、亚硫酸钠溶液（1mol/L）、百里香酚蓝（0.1％乙醇液）。

3. 试样

市售甲醛试剂。

四、实训步骤

取 50mL 1mol/L 亚硫酸钠溶液于 250mL 锥形瓶中，加 3 滴百里香酚蓝指示剂，用 0.5mol/L 硫酸标准溶液中和至蓝色消失（不记录所消耗硫酸标准溶液体积）。

用减量法准确称取 1.3～1.5g 试样于锥形瓶中，再用 0.5mol/L 硫酸标准溶液滴至蓝色消失为终点。

五、数据处理

试样中甲醛的含量按下式计算

$$w(甲醛) = \frac{Vc \times 30.03 \times 2}{m \times 1000} \times 100$$

式中　V——试样消耗硫酸标准溶液体积，mL；

　　　c——硫酸标准溶液浓度，mol/L；

　　　m——试样的质量，g；

　　30.03——甲醛的摩尔质量，g。

六、注意事项

1. 亚硫酸钠溶液有效期为一周。
2. 甲醛很易聚合成多聚甲醛，多聚甲醛受热后即解聚为甲醛。

七、思考题

1. 该实验为什么不用酚酞作指示剂？
2. 亚硫酸钠是否应该准确量取？为什么？

相关知识链接

常温时，甲醛为无色、具有强烈刺激气味的气体，沸点—21℃，蒸气与空气能形成爆炸性混合物，爆炸极限7％～73％（体积分数）。易溶于水。含质量分数为37％～40％甲醛、8％甲醇的水溶液叫做"福尔马林"，常用作杀菌剂和生物标本的防腐剂。甲醛容易氧化，极易聚合，其浓溶液（质量分数为60％左右）在室温下长期放置就能自动聚合成三分子的环状聚合物。甲醛在工业上有广泛应用，它可用于制造酚醛树脂、脲醛树脂、合成纤维（维尼纶）及季戊四醇等。

 阅读材料

甲醛的性质、对人体的危害及其来源

甲醛是原浆毒物，能与蛋白质结合，吸入高浓度甲醛后，会出现呼吸道的严重刺激和水肿、眼刺痛、头痛，也可发生支气管哮喘。皮肤直接接触甲醛，可引起皮炎、色斑、坏死。经常吸入少量甲醛，能引起慢性中毒，出现黏膜充血、过敏性皮炎、指甲角化和脆弱、甲床指端疼痛，孕妇长期吸入可能导致新生婴儿畸形，甚至死亡，男子长期吸入可导致男子精子畸形、死亡，性功能下降，严重的可导致白血病，气胸，生殖能力缺失，全身症状有头痛、乏力、胃纳差、心悸、失眠、体重减轻以及植物神经紊乱等。

各种人造板材（刨花板、密度板、纤维板、胶合板等）中由于使用了脲醛树脂黏合剂，因而可含有甲醛。新式家具的制作，墙面、地面的装饰铺设，都要使用黏合剂。凡是大量使用黏合剂的地方，总会有甲醛释放。此外，某些化纤地毯、油漆涂料也含有一定量的甲醛。甲醛还可来自化妆品、清洁剂、杀虫剂、消毒剂、防腐剂、印刷油墨、纸张、纺织纤维等多种化工轻工产品。

▶▶ 实训 5　　高碘酸氧化法测定丙三醇含量

一、实训目标

1. 理解高碘酸氧化法测定 α-多羟基醇的原理；
2. 掌握高碘酸氧化法测定丙三醇含量的操作。

二、实训原理

α-多羟基醇能被高碘酸定量氧化，氧化反应完成后剩余的高碘酸和生成的碘酸，可加入碘化钾还原，析出的碘用硫代硫酸钠标准液滴定，同时进行空白试验，空白与试样消耗硫代硫酸钠标准液之差即为试样所消耗的高碘酸，从而计算出试样中丙三醇的含量。

主要反应

1. 氧化

$$\begin{array}{l} CH_2OH \\ | \\ CHOH \\ | \\ CH_2OH \end{array} + 2HIO_4 \longrightarrow 2HCHO + HCOOH + 2HIO_3 + H_2O$$

2. 还原

$$HIO_4 + 7KI + 7HCl \longrightarrow 4I_2 + 7KCl + 4H_2O$$

$$HIO_3 + 5KI + 5HCl \longrightarrow 3I_2 + 5KCl + 3H_2O$$

3. 滴定

$$I_2 + 2Na_2S_2O_3 \longrightarrow Na_2S_4O_6 + 2NaI$$

三、仪器和试剂

1. 仪器

容量瓶、碘量瓶、移液管、碱式滴定管。

2. 试剂

碘化钾溶液（20%）、盐酸溶液（6mol/L）、淀粉指示剂（1%）、高碘酸溶液、硫代硫酸钠标准液（0.1mol/L）。

四、实训步骤

准确称取 0.15～0.20g（3～4 滴）丙三醇于 250mL 容量瓶中，以水稀至刻度。

在四个 250mL 碘量瓶中分别加入 25.00mL 高碘酸溶液，其中二个碘量瓶用移液管加 25.00mL 试样液，另外二个碘量瓶留作空白试验。将碘量瓶盖好，摇匀，于室温放置 30min，然后向四个碘量瓶中各加入 10mL 20%碘化钾液，析出的碘用硫代硫酸钠标准溶液滴定，当溶液呈淡黄色时加 1mL 1%淀粉指示剂，继续滴至蓝色恰好消失为终点。

五、数据处理

试样中丙三醇的含量按下式计算

$$w(丙三醇) = \frac{(V_0 - V)cM \times 100}{m \times \dfrac{25.00}{250} \times (n-1) \times 2 \times 1000}$$

式中　V_0——空白试验消耗硫代硫酸钠标准液体积，mL；

　　　V——试样消耗硫代硫酸钠标准液体积，mL；

　　　c——硫代硫酸钠标准液浓度，mol/L；

　　　M——丙三醇的摩尔质量，g；

　　　m——试样的质量，g；

　　　n——羟基个数。

六、注意事项

1. 若试样所消耗的硫代硫酸钠标准液体积少于空白试验的 80%，说明试样量太大，高碘酸无剩余，应重做。

2. 本法只用于羟基在相邻碳原子上的多元醇，其他醇类不适用。

七、思考题

1. 试样滴定体积的最小值理论上应是空白值的多少？

2. 如何回收实验过程中所用的乙酸？

3. 配制 0.025mol/L 高碘酸溶液 500mL，需称取高碘酸（$HIO_4 \cdot 2H_2O$）多少克？

相关知识链接

高碘酸是一种具有强烈刺激和腐蚀性和化学品。皮肤和眼接触有强烈刺激性或造成灼伤。口服引起口腔及消化道灼伤。是一种无机氧化剂。遇易燃物、有机物会引起爆炸。受热分解，放出氧气。

第三节　食品分析应用实训项目

实训 1　**果蔬中总酸度的测定**

一、实训目标

1. 进一步掌握标准碱溶液的配制和标定方法；

2. 学习酸碱滴定法的方法，原理与应用；

3. 学会综合滴定分析技术，全面了解滴定分析流程。

二、实训原理

水果中富含有机酸，如乙酸、柠檬酸、苹果酸、酒石酸等。这些有机酸可以用碱标准溶液滴定，以酚酞为指示剂。根据所消耗的碱的浓度和体积，即可求出果品中的总酸度。总酸度应标明是哪种有机酸。总酸度测定采用 NaOH 标准溶液进行滴定，以酚酞做指示剂，滴定反应如下：

$$R\text{—}COOH + OH^- \longrightarrow R\text{—}COO^- + H_2O$$

不同的果蔬样品，R—COOH 代表不同的酸。苹果、桃子、李子中 R—COOH 代表苹果酸；柠檬、橙子中，R—COOH 代表柠檬酸。

由于果品中的酸值较低，故应对所用去离子水做空白实验，以扣除影响。

三、仪器与试剂

1. 仪器

组织捣碎机、水果刀、纱布、漏斗。

2. 试剂

酚酞指示剂、NaOH 标准溶液（0.1mol/L）。

四、实训步骤

1. 试样处理

去除水果不可食部分，取有代表性的样品至少 200g，置于研钵或组织捣碎机中，加入与试样等量的水，研碎或捣碎，混匀。

2. 试液的制备

取 25～50g 试样，精确至 0.001g，置于 250mL 容量瓶中，用水稀释至刻度，含固体的样品至少放置 30min（摇动 2～3 次）。用快速滤纸或脱脂棉过滤，收集滤液于 250mL 锥形瓶中备用。总酸度低于 0.7g/kg 的液体样品，混匀后可直接取样测定。

3. 样品测定

取 25.00～50.00mL 试液，使之含 0.035～0.070g 酸，置于 150mL 烧杯中。加 40～60mL 水及 0.2mL 1%酚酞指示剂，用 0.1mol/L 氢氧化钠标准滴定溶液（如样品酸度较低，可用 0.01mol/L 或 0.05mol/L 氢氧化钠标准滴定溶液）滴定至微红色 30s 不褪色。记录消耗 0.1mol/L 氢氧化钠标准滴定溶液的毫升数（V_1）。

同一被测样品须测定三次。

4. 空白试验

用水代替试液。记录消耗 0.1mol/L 氢氧化钠标准滴定溶液的毫升数（V_2）。

五、数据处理

总酸以每公斤（或每升）样品中酸的质量(g)表示，计算公式如下：

$$X = \frac{c(V_1 - V_2)KF \times 1000}{m}$$

式中 X——每公斤（或每升）样品中酸的质量，g/kg（或 g/L）；

    c——氢氧化钠标准滴定溶液的浓度，mol/L；

   V_1——滴定试液时消耗氢氧化钠标准滴定溶液的体积，mL；

   V_2——空白试验时消耗氢氧化钠标准滴定溶液的体积，mL；

   F——试液的稀释倍数；

   m——试样质量，g；

   K——酸的换算系数。各种酸的换算系数分别为：苹果酸，0.067；乙酸，0.060；酒

        石酸，0.075；柠檬酸，0.064；柠檬酸（含一分子结晶水），0.070；；乳酸，

        0.090；盐酸，0.036；磷酸，0.033。

六、注意事项

1. 注意碱式滴定管滴定前要赶走气泡，滴定过程不要形成气泡。

2. NaOH 标准溶液滴定 HAc，属于强碱滴定弱酸，二氧化碳的影响严重，注意除去所用碱标准溶液和蒸馏水中的二氧化碳。

3. 样品在稀释用水时应根据样品中酸的含量来定，为了使误差在允许的范围内，一般要求滴定时消耗 0.1mol/L 的 NaOH 不小于 5mL，最好应在 10～15mL 左右。

七、思考题

1. 为什么不同的果蔬样品要用不同的换算系数进行计算？

2. 当被检测试样颜色较深时，应该如何进行测定？

相关知识链接

无 CO_2 的蒸馏水的制备方法：将蒸馏水煮沸 20min 后，用碱石灰保护冷却；或将蒸馏水在使用前煮沸 15min 并迅速冷却备用。必要时须经碱液抽真空处理。样品中 CO_2 对测定也有干扰，故对含有 CO_2 饮料、酒类等样品在测定之前须除去 CO_2。

阅读材料

果蔬中总酸度的测定

样品浸渍、稀释之用水量应根据样品中总酸含量来慎重选择，为使误差不超过允许范围，一般要求滴定时消耗 0.1mol/L NaOH 溶液不得少于 5mL，最好在 10～15mL。

若样液有颜色，则在滴定前用与样液同体积的不含 CO_2 蒸馏水稀释之或采用试验滴定法，即对有色样液，用适量无 CO_2 蒸馏水稀释，并按 100mL 样液加入 0.3mL 酚酞比例加入酚酞指示剂，用标准 NaOH 滴定近终点时，取此溶液 2～3mL 移入盛有 20mL 无 CO_2 蒸馏水中，若实验表明还没有达到终点时，将特别稀释的样液倒回

原样液中，继续滴定直至终点出现为止。用这种在小烧杯中特别稀释的办法，能观察几滴 0.1mol/L NaOH 滴液所产生的酚酞颜色差别。

由于食品中有机酸均为弱酸，在用强碱（NaOH）滴定时，其滴定终点偏碱，一般在 pH8.2 左右，故可选用酚酞做终点指示剂。

若样液颜色过深或浑浊，则宜用电位滴定法。

▶▶ 实训2　蛋壳中碳酸钙含量的测定

一、实训目标

1. 对于实际试样的处理方法（如粉碎，过筛等）有所了解；
2. 掌握返滴定的方法原理。

二、实训原理

蛋壳的主要成分为碳酸钙（$CaCO_3$），将其研碎后加入已知浓度的过量的 HCl 标准溶液。

$$CaCO_3 + 2HCl \longrightarrow Ca^{2+} + CO_2 \uparrow + H_2O$$

过量的酸可用标准 NaOH 回滴，据实际与 $CaCO_3$ 反应标准盐酸体积求得蛋壳中 $CaCO_3$ 含量，以 $CaCO_3$ 质量分数表示。

三、仪器、试剂与试样

1. 仪器

分析天平，滴定台，滴定管，移液管，称量瓶，干燥器，电炉等。

2. 试剂

甲基橙指示剂（1g/L）。

3. 0.1mol/L NaOH

称 2g NaOH 固体于小烧杯中，加 H_2O 溶解后移至试剂瓶中用蒸馏水稀释至 500mL，加橡胶塞，摇匀。

4. 0.1mol/L HCl

用量筒量取浓盐酸 5mL 于 500mL 容量瓶中，用蒸馏水稀释至 500mL，加盖，摇匀。

5. 试样

蛋壳。

四、实训步骤

将鸡蛋壳取出内膜并洗净，烘干，研碎，使其通过 80～100 目的标准筛，准确称量三份 0.1g 此试样，然后分别放入 250mL 锥形瓶中，加入 40.00mL 0.1mol/L 的 HCl 标准溶液并放置 30min，加入甲基橙指示剂，以氢氧化钠标准溶液返滴定其中过量的盐酸至溶液由红色变为黄色即为滴定终点。

五、数据处理

蛋壳中碳酸钙含量的计算公式：

$$w(CaCO_3) = \frac{\left[c(HCl)V(HCl) - c(NaOH)V(NaOH)\right] \times 10^{-3} \times M(\frac{1}{2}CaCO_3)}{m} \times 100\%$$

式中　$w(CaCO_3)$ ——蛋壳中 $CaCO_3$ 的质量分数；

$\quad\quad c(HCl)$ ——HCl 标准溶液的浓度，mol/L；

$\quad\quad V(HCl)$ ——加入 HCl 标准溶液的体积，mL；

$\quad c(NaOH)$ ——NaOH 标准溶液的浓度，mol/L；

$\quad V(NaOH)$ ——滴定消耗 NaOH 标准溶液的体积，mL；

$\quad M(\frac{1}{2}CaCO_3)$ ——以 $\frac{1}{2}CaCO_3$ 为基本单元的 $CaCO_3$ 的摩尔质量，g/mol。

六、注意事项

1. 试样的溶解：玻璃棒不能碰到烧杯壁。
2. 容量瓶的使用：洗涤、试漏、转移、试摇匀（2/3 处）、稀释、定容、摇匀。
3. 移液管的使用：洗涤、润洗、移液、放液。

七、思考题

1. 研碎后的蛋壳试样为什么要通过标准筛？通过 80~100 目标准筛后试样粒度为多少？
2. 本实验能否用酚酞为指示剂？
3. 为什么向试样中加入 HCl 溶液时，要逐滴加入？加入 HCl 后为什么要放置 30min 后再以 NaOH 返滴定？

相关知识链接

碳酸钙为白色粉末或无色结晶。无气味。无味。有两种结晶，一种是正交晶体文石，一种是六方菱面晶体方解石。在约 825℃时分解为氧化钙和二氧化碳。溶于稀酸，几乎不溶于水。

碳酸钙的用途广泛。1250 目的碳酸钙可以用作 PE、涂料产品、造纸底涂、造纸面涂等。具有高纯度、高白度、无毒、无臭、细油质低、硬度低的特性。碳酸钙还可用作补钙剂，吸收率可达 39%，仅次于果酸钙可溶于胃酸，已成为剂型最多、应用最多的补钙剂。碳酸钙呈碱性，常用于改良酸性土壤。在实验室还可以用来制取二氧化碳。

▶▶ **实训 3**　**饼干中 Na_2CO_3、$NaHCO_3$ 含量的测定**

一、实训目标

1. 掌握双指示剂法测定混合碱中两种组分的方法；

2. 掌握根据测定结果判断混合碱样品成分的方法，并计算各组分含量。

二、实训原理

饼干中含有 Na_2CO_3、$NaHCO_3$ 混合碱。Na_2CO_3、$NaHCO_3$ 混合碱可用 HCl 标准溶液进行标定。在试液中，先加酚酞指示剂，用盐酸标准滴定溶液滴定至溶液由红色恰好褪去，消耗 HCl 溶液体积为 V_1。反应式为：

$$Na_2CO_3 + HCl \longrightarrow NaHCO_3 + NaCl$$

然后在试液中再加甲基橙指示剂，继续用 HCl 标准滴定溶液滴定至溶液由黄色变橙色，消耗 HCl 溶液体积为 V_2，反应式为：

$$NaHCO_3 + HCl \longrightarrow NaCl + H_2O + CO_2 \uparrow$$

三、仪器与试剂

1. 仪器

锥形瓶、容量瓶、电子天平、酸式滴定管。

2. 试剂

0.1mol/L HCl 标准溶液、酚酞指示剂、甲基橙指示剂。

四、实训步骤

用差减法准确称取饼干样品 5.0g 于 250mL 烧杯中，用不含二氧化碳的蒸馏水使之溶解后，定量转入 250mL 容量瓶中，用水稀释至刻度，充分摇匀，静置。小心吸取上清液 50.00mL 于 250mL 锥形瓶中，加 2 滴酚酞指示剂，用 0.1mol/L 的 HCl 标准滴定溶液滴定至溶液由红色恰好变为无色，记下 HCl 溶液用量 V_1，然后，加入甲基橙指示液 1~2 滴，继续用 HCl 标准滴定溶液滴定至溶液由黄色变为橙色。记下 HCl 溶液用量 V_2（即终读数减去 V_1）。平行测定 3 次。

五、数据处理

饼干中 Na_2CO_3 和 $NaHCO_3$ 含量的计算公式：

$$w(Na_2CO_3) = \frac{c(HCl) \times 2V_1 \times 10^{-3} \times M(\frac{1}{2}Na_2CO_3)}{m \times \frac{25}{250}} \times 100\%$$

$$w(NaHCO_3) = \frac{c(HCl) \times (V_2 - V_1) \times 10^{-3} \times M(NaHCO_3)}{m \times \frac{25}{250}} \times 100\%$$

式中　$w(Na_2CO_3)$ ——Na_2CO_3 的质量分数，%；

　$w(NaHCO_3)$ ——$NaHCO_3$ 的质量分数，%；

　　$c(HCl)$ ——HCl 标准滴定溶液的浓度，mol/L；

　　　V_1 ——酚酞终点时消耗 HCl 标准滴定溶液的体积，mL；

V_2——甲基橙终点时消耗 HCl 标准滴定溶液的体积，mL；

m——试样的质量，g；

$M(\frac{1}{2}Na_2CO_3)$ —— $\frac{1}{2}Na_2CO_3$ 的摩尔质量，g/mol；

$M(NaHCO_3)$ ——$NaHCO_3$ 的摩尔质量，g/mol。

六、注意事项

1. 第一化学计量点时溶液的颜色刚刚变为无色，颜色太深会造成 Na_2CO_3 含量偏低，无色会造成 Na_2CO_3 含量偏高。

2. 第二化学计量点时溶液的颜色为橙色，不能太黄，也不能太红，颜色太黄会造成 $NaHCO_3$ 含量偏低，太红会造成 $NaHCO_3$ 含量偏高。

3. 本实验的误差主要来自对两个化学计量点时溶液的颜色的判断。

七、思考题

1. 本实验中，滴定试样溶液接近终点时为什么要剧烈振荡？

2. 饼干中 Na_2CO_3、$NaHCO_3$ 含量的测定对饼干质量检验有什么意义？

相关知识链接

碳酸钠与碳酸氢钠的性质比较见表 2-7。

表 2-7 碳酸钠与碳酸氢钠的性质比较

化学式	Na_2CO_3	$NaHCO_3$
俗称	纯碱、苏打	小苏打
溶液酸碱性	碱性	碱性
水溶性比较	$Na_2CO_3 > NaHCO_3$	
与酸反应剧烈程度	较慢（二步反应）	较快（一步反应）
与酸反应	$Na_2CO_3 + 2HCl \longrightarrow 2NaCl + H_2O + CO_2 \uparrow$ $CO_3^{2-} + 2H^+ \longrightarrow CO_2 \uparrow + H_2O$	$NaHCO_3 + HCl \longrightarrow NaCl + H_2O + CO_2 \uparrow$ $HCO_3^- + H^+ \longrightarrow H_2O + CO_2 \uparrow$
热稳定性	加热不分解	加热分解 $2NaHCO_3 \longrightarrow Na_2CO_3 + H_2O + CO_2 \uparrow$
与 CO_2 反应	$Na_2CO_3 + CO_2 + H_2O \longrightarrow 2NaHCO_3$	不反应
与 $CaCl_2$ 溶液反应	有 $CaCO_3$ 沉淀	不反应
用途	洗涤剂、玻璃、肥皂、造纸、纺织等工业	发酵粉、灭火剂、治疗胃酸过多 （有胃溃疡时不能用）
相互转化	Na_2CO_3 溶液能吸收 CO_2 转化为 $NaHCO_3$ $Na_2CO_3 + H_2O + CO_2 \longrightarrow 2NaHCO_3$ $NaHCO_3 + NaOH \longrightarrow Na_2CO_3 + H_2O$	

▶▶ **实训 4　　牛乳中钙含量的测定**

一、实训目标

1. 了解牛奶钙含量的检测方法及其表示；
2. 了解络合滴定法的原理及方法。

二、实训原理

测定牛奶中的钙采取配位滴定法，用乙二胺四乙酸二钠盐（EDTA）溶液滴定牛奶中的钙。用 EDTA 测定钙，一般在 pH 为 9～10 的碱性溶液中，以铬黑 T 为指示剂，计量点前钙与钙试剂形成粉红配合物，当用 EDTA 溶液滴定至计量点时，游离出指示剂，溶液呈现蓝色。

滴定时 Fe^{3+}、Al^{3+} 干扰时用三乙醇胺掩蔽。

三、仪器与试剂

1. 仪器
移液管、锥形瓶、滴定管、密度计。
2. 试剂
0.0100mol/L EDTA 标准溶液、20％ NaOH、铬黑 T 指示剂。

四、实训步骤

准确移取牛奶试样 10.00mL 三份分别加入 250mL 锥形瓶中，加入蒸馏水 25mL，用 20％ NaOH 溶液将牛乳试样调至 pH 为 9～10，摇匀，再加入 5 滴铬黑 T 指示剂。用 EDTA 标准溶液滴定至溶液由酒红色变为纯蓝色，即为终点。同时做空白试验。平行测定三份，计算牛奶中的钙含量，以每 100mL 牛奶含钙的毫克数表示。

五、数据处理

$$Ca(mg/100mL) = \frac{c(EDTA) \times (V_1 - V_0) M(Ca)}{V_S} \times 100$$

式中　$c(EDTA)$——EDTA 标准溶液浓度，mol/L；

　　　　V_1——滴定消耗 EDTA 标准溶液的体积，mL；

　　　　V_0——空白试验消耗 EDTA 标准溶液的体积，mL；

　　$M(Ca)$——钙的摩尔质量，g/mol；

　　　　V_S——牛乳试样的体积，mL。

六、注意事项

1. 牛乳为白色，终点颜色变化不太明显，接近终点时可补加 2～3 滴指示剂。
2. 在用移液管移取牛奶的时候因为牛奶很容易黏附在移液管管壁，所以应用去离子水清洗几次，然后将清洗液一起加入锥形瓶内一起滴定。

七、思考题

1. 牛乳为乳白色，到达滴定终点时颜色变化不明显，应如何处理？
2. 牛奶中钙含量若用质量分数来表示，应如何列出计算公式？

相关知识链接

牛奶的营养素含量见表2-8。

表 2-8 牛奶（均值）的营养素含量（指100g可食部食品中的含量）

物质	含量	单位	物质	含量	单位	物质	含量	单位
热量	54	kcal	硫胺素	0.03	mg	钙	104	mg
蛋白质	3	g	核黄素	0.14	mg	镁	11	mg
脂肪	3.2	g	烟酸	0.1	mg	铁	0.3	mg
碳水化合物	3.4	g	维生素C	1	mg	锰	0.03	mg
膳食纤维	0	g	维生素E	0.21	mg	锌	0.42	mg
维生素A	24	mg	胆固醇	15	mg	铜	0.02	mg

阅读材料

钙与人体的关系

钙是人体内的一种微量元素，它在体内的含量虽然微乎其微，但是它的作用是巨大的。直接的作用是钙能维持调节机体内许多生理生化过程，调节递质释放，增加内分泌腺的分泌，维持细胞膜的完整性和通透性，促进细胞的再生，增加机体抵抗力。

钙缺乏主要影响骨骼的发育和结构。严重缺钙时，成长缓慢，食物消化量降低，基本代谢率变高，活性及敏感性降低，出现骨质多孔症或低钙佝偻症，不正常的姿态与步调，易于内出血，尿量大增和寿命较短。临床症状表现为婴幼儿的佝偻病和成年人的骨质软化症及骨质疏松症。

为了避免钙缺乏疾病的发生，营养学家确定了补钙的标准。现今，我国规定的供给量为：成年男女800mg；儿童500～1000mg；孕妇1000mg；乳母1500mg。而人体每日需钙量随年龄、性别、身体状况的不同而各异。因此，更年期妇女为防止绝经期后"骨丢失"，可以增加到1500mg/日，50岁以上妇女还可以增至2500mg/日。最近，美国营养专家确定，钙的日摄入量上限为2500mg。根据我国的实际情况及人民的体质状况，国内营养学专家建议钙的日摄入量上限为2000mg为宜。

补钙的效果关系人的健康，而人体所需的钙，以奶和奶制品最好，不但含量丰富，而且吸收率高。因此实验主要测定奶制品中的钙含量。

▶▶ 实训 5　植物油过氧化值的测定

一、实训目标

1. 初步掌握测定油脂过氧化值的原理和方法；
2. 了解测定油脂过氧化值的意义。

二、实训原理

脂肪氧化的初级产物是氢过氧化物 ROOH，因此通过测定脂肪中氢过氧化物的量，可以评价脂肪的氧化程度。同时脂肪氧化的初级产物 ROOH 可进一步分解，产生小分子的醛、酮、酸等，因此酸价也是评价脂肪变质程度的一个重要指标。过氧化值的测定采用碘量法。在酸性条件下，脂肪中的过氧化物与过量的 KI 反应生成 I_2，析出的 I_2 用硫代硫酸钠（$Na_2S_2O_3$）溶液滴定，根据硫代硫酸钠的用量来计算油脂的过氧化值。求出每千克油中所含过氧化物的毫摩尔数，即为脂肪的过氧化值（POV）。

三、仪器与试剂

1. 仪器

分析天平、具塞锥形瓶（250mL）、移液管、量筒、滴定管、碘量瓶。

2. 0.01mol/L $Na_2S_2O_3$

用标定的 0.1mol/L $Na_2S_2O_3$ 稀释而成。

3. 氯仿-冰乙酸混合液

取氯仿 40mL 加冰乙酸 60mL，混匀。

4. 饱和碘化钾溶液

取碘化钾 10g，加水 5mL，贮于棕色瓶中，如发现溶液变黄，应重新配制。

5. 0.5% 淀粉指示剂

500mg 淀粉加少量冷水调匀，再加一定量沸水（最后体积约为 100mL）。

四、实训步骤

1. 称取混合均匀的油样 2～3g（精确到 0.01g）置于干燥的碘量瓶底部，加入 30mL 氯仿-冰乙酸混合液，轻轻摇动充分混合。

2. 加入 1mL 饱和碘化钾溶液，加塞后摇匀，在暗处放置 5min。

3. 取出碘量瓶，立即加入 50mL 蒸馏水，充分混合后，立即用 0.01mol/L $Na_2S_2O_3$ 标准溶液滴定至水层呈浅黄色时，加入 1mL 淀粉指示剂，继续滴定至蓝色消失为止，记下体积 V_1，并计算 POV。

4. 同时做不加油样的空白试验，记下体积 V_0。

五、数据处理

油脂过氧化值的计算公式：

$$POV = \frac{c(V_1 - V_0)}{m} \times 1000$$

式中　c——硫代硫酸钠标准溶液的浓度，mol/L；

　　　V_1——样品消耗硫代硫酸钠溶液的体积，mL；

　　　V_0——空白消耗硫代硫酸钠溶液的体积，mL；

　　　m——油脂的质量，g。

六、注意事项

1. 加入碘化钾后，静置时间长短以及加水量多少，对测定结果均有影响。

2. 过氧化值过低时，可改用 0.005mol/L $Na_2S_2O_3$ 标准溶液进行滴定。

七、思考题

1. 如果以每克油脂中活性氧微克数表示过氧化值，应如何换算？

2. 如何标定实验中所用的硫代硫酸钠溶液的浓度？

3. 如果从天然产物中提取一种抗氧化成分，拟用于油脂抗氧化剂，如何设计实验方案评价它？在评价前应了解它的哪些性质？

相关知识链接

过氧化值：油脂初始氧化的产物是过氧化物，过氧化物很不稳定，氧化能力较强，能氧化碘化钾生成游离碘，根据析出碘量计算过氧化值（POV），以活性氧的毫克当量表示。

研究表明，初期过氧化值低于 20 时，油脂在饲料中可以放心使用，过氧化值在 50 以下，不会影响动物采食量，但是可能会影响饲料转化效率，并对动物产生毒害，超过 200 时，油脂毒性急剧增加（显著变化为实验动物肝肿大），使油脂可利用性显著下降。油脂过氧化值一般升到一定程度之后逐渐下降，此时，虽然过氧化值下降，但油脂的可利用性更低。

阅读材料

油脂的氧化

大豆油和鱼油中富含多不饱和脂肪酸（PUFA），极易氧化，当温度较高或在金属离子的催化下一般形成次级脂质过氧化产物，如羰基化合物、二聚体、三聚体、多聚体或环状脂肪酸。脂质过氧化物进一步断裂分解成低级脂肪酸、醛和酮，或聚合为多聚物。

在有氧气存在或受到自由基攻击时，油脂发生一系列的自身催化反应，依次形成脂质自由基、脂氧自由基、过氧化脂质和脂质过氧化产物，脂质自由基继续攻击其它的脂质，这种反应不断循环、扩大，形成大量的初级脂质过氧化产物如脂质自由基和过氧化脂质。在环境因素的影响下，脂质过氧化产物进一步分解形成低级脂肪酸、醛、酮等低分子有机物质。

不同油脂在氧化过程中形成的这些产物的性质和组成变异非常的大，主要与油脂中饱和脂肪酸和不饱和脂肪酸的比例，特别是多不饱和脂肪酸的组成和比例有关。在通常情况下，油脂的氧化首先发生在不饱和脂肪酸的双键上，因此，脂肪酸不饱和程度越高，氧化速率越快，油酸、亚油酸、亚麻酸、花生四烯酸的相对氧化速率为 1：10：20：40。

▶▶ 实训 6　食盐中含碘量的测定

一、实训目标

1. 掌握食盐中碘含量测定的方法和原理；
2. 了解硫代硫酸钠标准溶液的配制。

二、实训原理

食盐中所含的 KIO_3 在酸性条件下用 I^- 还原，定量析出 I_2。

$$IO_3^- + 5I^- + 6H^+ \longrightarrow 3I_3 + 3H_2O$$

以 CCl_4 做指示剂，用 $Na_2S_2O_3$ 标准溶液来滴定析出的 I_2。I_2 单质在 CCl_4 中呈紫色，滴定至 CCl_4 层无色时即为终点。

$$I_2 + 2Na_2S_2O_3 \longrightarrow S_4O_6^{2-} + 2I^-$$

三、仪器与试剂

1. 仪器

分析天平、移液管、碘量瓶、容量瓶、大肚移液管、锥形瓶、烧杯、100mL 细口瓶、碱式滴定管、玻璃棒、漏斗、滤纸、温度计、洗瓶。

2. 试剂

食盐样品、0.100mol/L $Na_2S_2O_3$ 标准溶液、50g/L 的 KI 溶液、1mol/L 的 HCl 溶液、5g/L 淀粉指示液。

四、实训步骤

1. $Na_2S_2O_3$ 标准溶液稀释

准确移取 0.100mol/L $Na_2S_2O_3$ 标准溶液 2mL 于 100mL 容量瓶中，稀释至刻度。摇匀。

2. 食盐中碘的含量

称取 10.00g 样品，置于 250mL 烧杯中，加水 150mL 溶解，过滤，取 100mL 滤液至 250mL 锥形瓶中，加 1mL 磷酸摇匀。滴加饱和溴水至溶液呈浅黄色，边滴边振摇至黄色不褪为止（约 6 滴），溴水不宜过多，在室温放置 15min，在放置期内，如发现黄色褪去，应再滴加溴水至淡黄色。放入玻璃珠 4～5 粒，加热煮沸至黄色褪去，再继续煮沸 5min，立即冷却。加 2mL 碘化钾溶液（50g/L），摇匀，立即用硫代硫酸钠标准溶液（0.002mol/L）滴定至浅黄色，加入 1mL 淀粉指示剂（5g/L），继续滴定至蓝色刚消失即为终点。

五、数据处理

食盐中碘含量的计算公式：

$$X = \frac{Vc \times 21.15}{m} \times 1000$$

式中 X——样品中碘的含量，mg/kg；

$\quad\quad V$——测定用样品消耗硫代硫酸钠标准滴定溶液的体积，mL；

$\quad\quad c$——硫代硫酸钠标准滴定溶液实际浓度，mol/L；

$\quad\quad m$——样品质量，g；

21.15——与 1.00mL 硫代硫酸钠标准溶液 $[c(Na_2S_2O_3) = 1.000mol/L]$ 相当的碘的质量，mg。

六、注意事项

1. 需控制好 KIO_3 与 KI 反应的酸度。酸度太低，反应速率慢；酸度太高则碘易被空气中的 O_2 氧化。

2. 为防止生成的 I_2 分解，反应需在碘量瓶中进行，且需避光放置。

七、思考题

1. 食盐中为什么要加碘？

2. 本实验为何要控制酸度？用哪种试剂控制酸度？

3. 食盐中的碘成分以哪种形式存在？如何检验？

相关知识链接

标定 $Na_2S_2O_3$ 溶液多用 $K_2Cr_2O_7$ 基准物质。准确称取于 120℃ 烘至恒重的基准 $K_2Cr_2O_7$ 0.15g，置于 500mL 碘量瓶中，加 50mL 水溶解，加 2g KI 轻轻振摇使之溶解，再加入 20mL H_2SO_4 溶液（1+8），盖上瓶塞摇匀，瓶口可封以少量蒸馏水，于暗处放置 10min。取出，用水冲洗瓶塞和瓶壁，共加 250mL 蒸馏水。用 $c(Na_2S_2O_3) = 0.1mol/L$ $Na_2S_2O_3$ 标准滴定溶液滴定，近终点时（溶液为浅黄绿色）加 3mL 淀粉指示液，继续滴定至溶液由蓝色变为亮绿色为终点，反应液及稀释用水的温度不应高于 20℃，平行测定三次。

▶▶ 实训 7   酱油中 NaCl 含量的测定（福尔哈德法）

一、实训目标

掌握福尔哈德法测定酱油中 NaCl 含量的基本原理和计算。

二、实训原理

在含有一定量 NaCl 的酱油中，加入过量的 $AgNO_3$，这时试液中有白色的氯化银沉淀生成和未反应掉的 $AgNO_3$，用硫酸铁铵作指示剂，用硫氰酸钠标准溶液滴定到刚有血红色出现，即为滴定终点，反应式如下：

$$NaCl + AgNO_3 \longrightarrow AgCl\downarrow + NaNO_3 + AgNO_3（剩余）$$

$$AgNO_3（剩余） + NH_4SCN \longrightarrow AgSCN\downarrow + NH_4NO_3$$

$$3NH_4SCN + FeNH_4(SO_4)_2 \longrightarrow Fe(SCN)_3 + 2(NH_4)_2SO_4$$

三、仪器与试剂

1. 仪器
烧杯、250mL 容量瓶、移液管、锥形瓶。
2. 试剂
0.1mol/L $AgNO_3$ 溶液、0.1mol/L NH_4SCN 标准溶液、$FeNH_4(SO_4)_2$ 10%（100mL 内含 6mol/L HNO_3 25mL）、硝基苯、硝酸。

四、实训步骤

移取酱油 5.00g 于 250mL 容量瓶中，加水至刻度摇匀，吸取酱油稀释液 10.00mL 于具塞锥形瓶中，加水 50mL，混匀。加入 HNO_3 5mL、0.1mol/L $AgNO_3$ 标准溶液 25.00mL 和硝基苯 5mL，用力振荡摇匀。待 AgCl 沉淀凝聚后，加入 $FeNH_4(SO_4)_2$ 5mL，用 0.1mol/L NH_4SCN 标准溶液滴定至刚有血红色出现，即为终点。平行测定 3 次。由此计算酱油中氯化钠含量。

五、数据处理

酱油中 NaCl 的含量计算公式：

$$w(NaCl) = \frac{[c(AgNO_3)V(AgNO_3) - c(NH_4SCN)V(NH_4SCN)] \times 10^{-3} \times M(NaCl)}{5.00 \times \dfrac{10}{250}} \times 100\%$$

式中 $w(NaCl)$ ——NaCl 的质量分数；

$c(AgNO_3)$ ——$AgNO_3$ 标准溶液的浓度，mol/L；

$c(\text{NH}_4\text{SCN})$ ——NH₄SCN 标准溶液的浓度，mol/L；

$V(\text{AgNO}_3)$ ——加入 AgNO₃ 标准溶液的体积，mL；

$V(\text{NH}_4\text{SCN})$ ——滴定时消耗 NH₄SCN 标准溶液的体积，mL；

$M(\text{NaCl})$ ——NaCl 的摩尔质量，g/mol。

六、注意事项

1. 滴定应强酸性条件下进行，$[\text{H}^+]$ 为 0.1～1.0mol/L，以稀 HNO₃ 调节。较低时，Fe^{3+} 将水解成棕黄色的羟基络合物，使终点不明显；更低时，还可能有 Fe(OH)_3 沉淀生成。佛尔哈德法在强酸条件下进行可减小 PO_4^{3-}、CO_3^{2-}、CrO_4^{2-} 的干扰。

2. 滴定时应剧烈摇动，减少 AgSCN 对银离子的吸附。

七、思考题

1. 在标定 AgNO₃ 时，滴定前为何要加水？

2. 在试样分析时，可否用 HCl 或 H₂SO₄ 调节酸度？

3. 本实验与莫尔法相比，各有什么优缺点？

相关知识链接

福尔哈德法的测定条件：

（1）指示剂用量：0.015mol/L 左右。

（2）酸度：酸性（HNO₃ 为宜）溶液中，主要考虑 Fe^{3+} 的水解 pH 一般控制为 1 左右。

（3）测 Cl⁻ 时，通常滤去沉淀或在沉淀表面覆盖一层硝基苯膜，减少 $\text{AgCl} \longrightarrow \text{AgSCN}$ 转化反应，测 I⁻ 时指示剂应在加入过量 AgNO₃ 标液后加入。

▶▶ 实训8　罐头食品中 NaCl 含量的测定（法扬司法）

一、实训目标

1. 掌握法扬司法测定氯化钠的原理及计算公式；

2. 了解吸附指示剂的作用原理，了解使用吸附指示剂的注意事项。

二、实训原理

在用 AgNO₃ 作标准溶液，荧光黄（HFI）作指示剂测定 Cl⁻ 时，荧光黄（HFI）在溶液中可电离为 FI⁻（呈黄绿色）。在化学计量点之前。由于存在过量的 Cl⁻，而使 AgCl 沉淀胶体微粒吸附 Cl⁻，同样是带有负电荷，FI⁻ 不被吸附，溶液呈黄绿色。而在化学计量点后，稍过量的 AgNO₃ 标准溶液就可使 AgCl 中得 Ag⁺ 沉淀胶体微粒吸附 FI⁻，使其发生分子结构的变化，而呈淡红色，使整个溶液由黄绿色变为淡红色，指示终点到达。

三、仪器与试剂

1. 仪器

组织捣碎机、250mL 容量瓶、洗瓶、锥形瓶。

2. 试剂

0.1mol/L AgNO₃ 标准溶液、0.1mol/L NaOH 溶液、0.5％荧光黄指示剂、棕色酸性滴定管、10g/L 淀粉溶液、蔬菜类及肉类罐头。

四、实训步骤

1. 样品前处理

(1) 蔬菜类罐头　将蔬菜类罐头全部放入组织搅拌机，打成匀浆后置于烧杯中。准确称取 20g，用蒸馏水将试样定量转移至 250mL 容量瓶中，定容，摇匀。之后过滤至干燥的烧杯中，用 0.1mol/L 的 NaOH 溶液调节 pH＝7～8。

(2) 肉类罐头　将蔬菜类罐头全部放入组织搅拌机，打成匀浆后置于烧杯中。准确称取 10g，置于坩埚中，在水浴锅中干燥至试样用玻璃棒易压碎为止，用蒸馏水溶解后定量转移至 250mL 容量瓶中，定容，摇匀。之后过滤至干燥的烧杯中，用 0.1mol/L 的 NaOH 溶液调节 pH＝7～8。

2. 滴定

用移液管准确移取 50.00mL 试样于锥形瓶中，加入 5mL 淀粉溶液和少许荧光黄指示剂，摇匀，用 0.1mol/L AgNO₃ 标准溶液滴定至溶液呈淡红色。平行测定三次。

五、数据处理

罐头食品中 NaCl 的含量计算公式：

$$w(NaCl) = \frac{c(AgNO_3)V(AgNO_3) \times 10^{-3} \times M(NaCl)}{m_{样} \times \dfrac{50}{250}} \times 100\%$$

式中　$w(NaCl)$——NaCl 的质量分数；

$c(AgNO_3)$——AgNO₃ 标准溶液的浓度，mol/L；

$V(AgNO_3)$——滴定消耗 AgNO₃ 标准溶液的体积，mL；

$M(NaCl)$——NaCl 的摩尔质量，g/mol；

$m_{样}$——样品质量，g。

六、注意事项

1. 尽量使沉淀的比表面大一些，有利于加强吸附，使发生在沉淀表面的颜色变化明显，还要阻止氯化银凝聚，保持其胶体状态；通常加入糊精保护胶体。

2. 避免强光滴定。因为卤化银对光敏感，见光会分解转化为灰黑色，影响终点观察。

七、思考题

1. 在滴定过程中，为何要调节溶液 pH 值至 7～8？

2. 样品前处理过程中，有哪些需要注意的问题？

相关知识链接

法扬司法的测定条件如下。

1. 沉淀状态：胶状，加入高分子物质作为胶体保护剂。

2. pH 值：应有利于吸附指示剂的离解，生成足够的阴离子。

3. 被测溶液浓度应足够大，生成沉淀少，对指示剂的吸附量不足。

4. 指示剂吸附性能要适当。

5. 避光。

▶▶ 实训 9　面粉中灰分含量的测定

一、实训目标

1. 了解灰分的测定与控制成品质量的关系；

2. 了解灰化条件与样品组分的关系；

3. 掌握食品的基本灰化方法；

4. 掌握高温炉的使用方法，坩埚的处理、样品炭化和灰化等基本操作方法。

二、实训原理

样品经炭化后放入高温炉内灼烧，有机物中的碳、氢、氮被氧化分解，以二氧化碳、氮的氧化物及水等形式逸出，另有少量的有机物经灼烧后生成的无机物，以及食品中原有的无机物均残留下来，对残留物进行称量即可检测出样品中总灰分的含量。

三、仪器与试样

1. 仪器

高温炉（马弗炉）、坩埚、坩埚钳、分析天平、干燥器等。

2. 试样

面粉。

四、实训步骤

1. 取几个适宜的瓷坩埚置高温炉中，在 600℃下灼烧 0.5h，冷至 200℃以下后取出，放入干燥器中冷至室温，精密称量，并重复灼烧至恒量。

2. 加入 2～3g 固体样品，精密称量。

3. 称量后的固体样品，先以小火加热使样品充分炭化至无烟，然后置高温炉中，在 550～600℃灼烧至无炭粒，即灰化完全。冷至 200℃以下后取出放入干燥器中冷却至室温，称量。重复灼烧至前后两次称量相差不超过 0.2mg 为恒量。

五、数据处理

面粉中灰分测定的计算公式：

$$w = \frac{m_3 - m_1}{m_2 - m_1} \times 100\%$$

式中　m_1——空坩埚质量，g；

m_2——样品加空坩埚质量，g；

m_3——残灰加空坩埚质量，g。

六、注意事项

1. 样品炭化时要注意热源强度，防止产生大量泡沫溢出坩埚。

2. 把坩埚放入高温炉或从炉中取出时，要放在炉口停留片刻，使坩埚预热或冷却，防止因温度剧变而使坩埚破裂。

3. 灼烧后的坩埚应冷却到 200℃ 以下再移入干燥器中，否则因热的对流作用，易造成残灰飞散，且冷却速度慢，冷却后干燥器内形成较大真空，盖子不易打开。

4. 从干燥器内取出坩埚时，因内部成真空，开盖恢复常压时，应注意使空气缓缓流入，以防残灰飞散。

5. 用过的坩埚经初步洗刷后，可用粗盐酸或废盐酸浸泡 10～20min，再用水冲刷洁净。

七、思考题

1. 为什么将灼烧之后的残留物称为粗灰分？

2. 灰分测定的内容包括哪些？为什么要测定样品中总灰分？步骤如何？

3. 样品灰化之前为什么要进行炭化处理？

4. 对于难灰化的样品，可采用什么措施加速灰化？

相关知识链接

加速灰化的方法：

1. 样品经初步灼烧后，取出冷却，从灰化容器边缘慢慢加入（不可直接洒在残灰上，以防残灰飞扬）少量无离子水，使水溶性盐类溶解，被包住的碳粒暴露出来，在水浴上蒸发至干涸，置于 120～130℃ 烘箱中充分干燥（充分去除水分，以防再灰化时，因加热使残灰飞散），再灼烧到恒重。

2. 添加灰化助剂：硝酸、乙醇、过氧化氢、碳酸铵，这类物质在灼烧后完全消失，不致增加残留灰分的重量或添加氧化镁、碳酸钙等惰性不熔物质。这类物质的作用纯属机械性的，它们和灰分混杂在一起，使碳微粒不受覆盖。此法应同时作空白试验。

▶▶ 实训 10　　茶叶中水分含量的测定

一、实训目标

1. 掌握茶叶中水分含量测定的两种方法；
2. 掌握称量分析基本操作。

二、实训原理

试样于103℃±2℃的电热恒温干燥箱中加热至恒重，称量。其前后质量损失即为茶叶中水分的含量。

三、仪器与试样

1. 仪器
① 铝质烘皿：具盖，内径75～80mm。
② 鼓风电热恒温干燥箱：能自动控制温度±2℃。
③ 干燥器：内盛有效干燥剂。
④ 分析天平：感量0.001g。
2. 试样
茶叶。

四、实训步骤

1. 铝质烘皿的准备
将洁净的烘皿连同盖置于103℃±2℃的干燥箱中，加热1h，加盖取出，于干燥器内冷却至室温称量（准确至0.001g）。
2. 测定步骤
（1）第一法：103℃恒重法（仲裁法）　称取5g（准确至0.001g）试样于已知质量的烘皿中，置于103℃±2℃干燥箱内（皿盖斜置皿上）。加热4h，加盖取出，于干燥器内冷却至室温，称量。再置干燥箱中加热1h，加盖取出，于干燥器内冷却，称量（准确至0.001g）。重复加热1h的操作，直至连续两次称量差不超过0.005g即为恒重，以最小称量为准。
（2）第二法：120℃烘干法（快速法）　称取5g（准确至0.001g）试样于已知质量的烘皿中，置120℃干燥箱内（皿盖斜置皿上）。以2min内回升到120℃时计算，加热1h，加盖取出，于干燥器内冷却至室温，称量（准确至0.001g）。

五、数据处理

茶叶中水分含量的计算公式：

$$w = \frac{m_1 - m_2}{m} \times 100\%$$

式中　m_1——试样和铝质烘皿烘干前的质量，g；

　　　m_2——试样和铝质烘皿烘干后的质量，g；

　　　m——茶叶试样的质量，g。

六、注意事项

1. 同一样品的两次测定值之差，每 100g 不得超过 0.2g。
2. 用第二法测定茶叶水分，重复性达不到要求时，按第一法规定进行测定。

七、思考题

1. 使用铝质烘皿应注意哪些问题？
2. 干燥后试样为何要恒重？不然会对结果有何影响？

相关知识链接

茶叶是一种干燥的农产品。食品学理论认为，绝对干燥的食品因各类成分直接暴露于空气，易受空气中氧气的氧化。而当水分子以氢键和食品成分结合，呈单分子层状态时，似在食品表面蒙上一层保护膜，食品得到保护，使氧化进度变缓。许多研究表明，当茶叶中的含水量在 3% 左右时，茶叶成分与水分子几乎呈单层分子关系，对脂质与空气中氧分子起较好的隔离作用，阻止脂质的氧化变质。但当水分含量超过一定数量后，情况大变，不但不能起保护膜作用，反而起溶剂作用。溶剂的特性是使溶质扩散，加剧反应。当茶叶水分含量超过 6%，或外界大气相对湿度高于 60% 以上时，会使茶叶中的化学变化十分激烈，如叶绿素的变性、分解，色泽变褐变深；茶多酚、氨基酸等呈味物质迅速减少；组成新茶香气的二甲硫、苯乙醇等芳香物质锐减，而对香气不利的挥发性成分大量增加，导致茶叶品质变劣。因此，成品茶的含水量必须控制在 6% 以下，超过此限度则要复火烘干，才能保存。

第三章　化学分析综合实训项目

化学分析综合实训项目主要通过化学分析综合实训的理论和实践学习，训练学生能够熟练运用化学基本知识和基本技能解决实际问题，巩固学生所学化学分析理论知识，强化学生所学化学分析操作技能，提高学生分析问题和解决问题的能力，培养学生具备满足岗位需求的职业能力和职业素养。

第一节　化学分析综合实训的目的和要求

一、化学分析综合实训的目的

化学分析综合实训是工业分析与检验专业人才培养过程中重要的实践性教学环节。其目的是综合应用无机化学、分析化学、有机化学和食品分析的基本知识和技能，对工业产品（包括原材料）的化学组分按照国家标准和行业企业标准进行分析，对同一样品用不同的分析方法进行测定后加以比较、评价，以进一步巩固化学分析的理论知识，强化化学分析的操作技能，提高分析问题和解决问题的能力。

二、化学分析综合实训的要求

通过化学分析综合实训，使学生达到如下的要求：

① 理论联系实际，将化学分析中学过的基本知识和基本技能应用于产品分析；

② 根据实训要求能够准确配制所需试剂，并对试样进行前处理；

③ 根据所学知识和技能，能够拟订出产品（包括原材料）的化学成分分析方案；

④ 通过对所学知识的总结，能拟订出对同一样品采用不同分析方法测定的具体方案，并对测定结果进行比较和评价；

⑤ 能够按照国家现行的技术标准或操作规程正确地选用仪器，规范操作，独立完成实训并得出准确的分析结果，能够按照要求完成实验报告；

⑥ 培养实事求是、严谨的科学态度及良好的实验室工作作风和职业道德；

⑦ 培养学生的化学实践能力、化学技能应用能力和创新能力。

三、化学分析综合实训分析方法的选择与比较

某物质或某一化学组分的测定，有时可以用多种分析方法完成。选择与比较分析方法时，一般应考虑以下一些因素：

① 待测组分的含量范围；

② 分析结果的准确度和精密度；

③ 分析过程条件控制的难易程度；

④ 分析时间的长短及费用的多少；

⑤ 实验室现有条件，包括仪器设备和操作人员对该方法的掌握程度及工作经验。

工作中应力求选用分析过程条件易于控制、成本低、速度快、操作熟练、结果准确的分析方法。

实际工作中，每种分析方法具备自身特点，分析方法的选择是由具体要求决定的。实验室常见分析方法具有以下特点。

快速分析法，也叫例行分析，适用于车间控制分析。此类方法分析时间较短，准确度较低。

仲裁分析法适用于甲乙双方对分析结果有争议时裁决，方法严密，准确度高，属于标准分析法。

标准分析法是由国务院标准化行政主管部门制定或者有备案的方法，它具有法律效力。若某检测项目已经有标准分析方法，则必须选用并执行。在企业里，原材料与产品质量的检验一般都要用标准分析方法。

本章依据分析方法的特点选编了对产品（包括原材料）的化学组分进行分析以及同一样品用不同的分析方法进行测定后进行比较、评价的综合实训内容，通过训练达到熟练掌握化学分析操作技能，并能独立完成实际产品分析任务。

第二节 化学分析综合实训的内容

▶▶ **实训 1**　**氧化钙含量的测定**

一、实训目标

1. 学习如何根据待测组分的化学性质选择适当的分析方法；

2. 了解同一样品用不同的分析方法测定后，如何进行比较和评价；

3. 巩固和训练有关的操作技能。

二、实训概述

氧化钙为白色或淡黄色的不定形片状或粒状粉末，在潮湿空气中易吸收二氧化碳及水分，遇水变为氢氧化钙，放出大量热，溶于酸、甘油，不溶于醇。分子式为 CaO，相对分

子质量为 56.08。

根据氧化钙的性质,试样溶于酸后,可用几种不同的分析方法对其进行测定。本实训拟用配位滴定法、氧化还原滴定法和酸碱滴定法来测定试样中氧化钙的含量,并对测定结果进行比较和评价。

三、方法一:配位滴定法

1. 实训原理

试样用盐酸溶解后,用 NaOH 溶液调节试液的 pH 在 12 以上,加钙指示剂,用 EDTA 标准滴定溶液进行滴定。

$$Ca + In \longrightarrow CaIn$$
（蓝色） （酒红色）
$$Ca + Y \longrightarrow CaY$$
$$CaIn + Y \longrightarrow CaY + In$$
（酒红色） （蓝色）

2. 试剂

(1) EDTA 标准滴定溶液[$c(EDTA) = 0.05 mol/L$]。

(2) 盐酸溶液 (6mol/L)、氢氧化钠溶液 (100g/L)、三乙醇胺溶液 (1:3)。

(3) 1% 钙指示剂 称取 0.5g 钙指示剂与 50g 干燥并研细的氯化钠于研钵中,充分研匀后贮于广口玻璃瓶中。

3. 实训步骤

准确称取 1.0g (称准至 0.0002g) 于 800℃灼烧至恒重的试样,置于 100mL 烧杯中,加水润湿,缓缓滴加盐酸溶液 (约需 5mL) 并轻轻振摇使之溶解,小心蒸干,溶于水,定量转移入 250mL 容量瓶中,用水稀释至刻度,得溶液甲。

吸取 25.00mL 溶液甲放入 250mL 锥形瓶中,加 75mL 水、5mL 三乙醇胺溶液 (1:3),在不断搅拌下加 5mL NaOH 溶液及少量钙指示剂,用 EDTA 标准滴定溶液滴定至溶液由红色变为纯蓝色。平行测定 3 次。

4. 数据处理

CaO 的含量 $w(CaO)$ 按下式计算:

$$w(CaO) = \frac{c(EDTA)V(EDTA) \times 10^{-3} \times 56.08}{m \times \frac{25}{250}} \times 100\%$$

式中　$c(EDTA)$——EDTA 标准滴定溶液的浓度,mol/L;

　　　$V(EDTA)$——滴定消耗 EDTA 标准滴定溶液的体积,mL;

　　　　　m——试样的质量,g;

　　　　56.08——CaO 的摩尔质量,g/mol。

5. 注意事项

滴定中也可改用紫脲酸铵指示剂,终点时溶液由红色变为蓝紫色。

四、方法二：氧化还原滴定法

1. 实训原理

在氨水存在的溶液中，草酸铵溶液与钙盐反应生成白色的草酸钙沉淀，经过滤、洗涤后，用硫酸溶解草酸钙，再用高锰酸钾标准滴定溶液滴定产生的草酸。

$$Ca^{2+} + C_2O_4^{2-} \longrightarrow CaC_2O_4 \downarrow （白色）$$

$$2H^+ + CaC_2O_4 \longrightarrow Ca^{2+} + H_2C_2O_4$$

$$2MnO_4^- + 5H_2C_2O_4 + 6H^+ \longrightarrow 2Mn^{2+} + 10CO_2 \uparrow + 8H_2O$$

2. 试剂

盐酸溶液（1:1）、硫酸溶液 $[c(H_2SO_4) = 1mol/L]$、氨水溶液（1:1）、草酸铵溶液（50g/L）、硝酸溶液（6mol/L）、甲基橙指示剂（1g/L 水溶液）、硝酸银溶液（1g/L）、高锰酸钾标准滴定溶液 $[c(\frac{1}{5}KMnO_4) = 0.1mol/L]$。

3. 实训步骤

吸取 25.00mL 溶液甲，置于 250mL 烧杯中，加 25mL 水和 25mL 草酸铵溶液，加入 3 滴甲基橙指示剂，在水浴上加热至 70～80℃，滴加氨水溶液至黄色，继续于水浴上加热 30～40min。若溶液返红，可再滴加氨水少许，冷却后用滤纸过滤，先用 1g/L 的草酸铵溶液洗涤沉淀 3～4 次（同时应将杯壁和玻璃棒洗净），然后再用蒸馏水洗至无 Cl⁻。

将沉淀连同滤纸转移至原烧杯内，并将滤纸打开贴在烧杯壁上，用 60mL 1mol/L 的硫酸溶液冲洗滤纸，将沉淀冲洗至烧杯内，再用 30mL 水冲洗滤纸，将溶液加热至 70～85℃，用高锰酸钾标准滴定至溶液呈微红色，再将滤纸浸入溶液，继续小心滴定至溶液呈微红色，30s 不褪色即为终点。平行测定 3 次。

4. 数据处理

CaO 的含量 $w(CaO)$ 按下式计算：

$$w(CaO) = \frac{c(\frac{1}{5}KMnO_4) \times V(KMnO_4) \times 10^{-3} \times 28.04}{m \times \frac{25}{250}} \times 100\%$$

式中 $c(\frac{1}{5}KMnO_4)$——高锰酸钾标准滴定溶液的浓度，mol/L；

$\quad\quad V(KMnO_4)$——滴定消耗高锰酸钾标准滴定溶液的体积，mL；

$\quad\quad\quad m$——试样的质量，g；

$\quad\quad 28.04$——以 $\frac{1}{2}CaO$ 为基本单元的 CaO 的摩尔质量，g/mol。

5. 注意事项

（1）沉淀过滤之前，上层溶液必须澄清，否则沉淀会穿透滤纸。

（2）由于氯离子与银离子的反应很灵敏，氯离子又较难洗去，故一般滤液中如无氯离子，则说明杂质已洗去。检查方法：在洗涤数次后，将漏斗颈末端外部用洗瓶吹洗后，用干净的小试管或表面皿接取数滴从漏斗中滴下的滤液。加入 2 滴 6mol/L 的 HNO₃ 溶液和 2 滴

$AgNO_3$ 溶液，如无白色沉淀或浑浊，则表示沉淀已洗净。

五、方法三：酸碱滴定法

1. 实训原理

试样用已知准确浓度的过量盐酸标准溶液溶解，然后以酚酞作指示剂，用氢氧化钠标准溶液滴定至终点。

$$CaO + 2H^+ \longrightarrow Ca^{2+} + H_2O$$

$$OH^- + H^+ \longrightarrow H_2O$$

2. 试剂

盐酸标准滴定溶液（0.5mol/L）、氢氧化钠标准滴定溶液（0.05mol/L）、酚酞指示剂（1g/L 乙醇溶液）。

3. 实训步骤

准确称取 0.1g（称准至 0.0001g）试样，置于 250mL 锥形瓶中，加 30mL 水，准确缓慢地加入 10mL 盐酸标准滴定溶液、2～3 滴酚酞指示剂，用氢氧化钠标准滴定溶液滴定至溶液呈浅红色，30s 不褪色即为终点。平行测定 3 次。

4. 数据处理

CaO 的含量 $w(CaO)$ 按下式计算：

$$w(CaO) = \frac{[c(HCl)V(HCl) - c(NaOH)V(NaOH)] \times 10^{-3} \times 28.04}{m} \times 100\%$$

式中　$c(HCl)$——盐酸标准滴定溶液的浓度，mol/L；

　　　$V(HCl)$——盐酸标准滴定溶液的体积，mL；

　　　$c(NaOH)$——氢氧化钠标准滴定溶液的浓度，mol/L；

　　$V(NaOH)$——滴定消耗氢氧化钠标准滴定溶液的体积，mL；

　　　　　m——试样的质量，g；

　　　28.04——以 $\frac{1}{2}CaO$ 为基本单元的 CaO 的摩尔质量，g/mol。

5. 注意事项

由于氧化钙在水中的溶解度较小，如直接用盐酸标准滴定溶液滴定，终点不清晰，测定结果误差较大。

六、分析方法的比较

比较三种分析方法的测定结果（填入表 3-1）。

表 3-1　三种分析方法测定结果比较

项　　目	配位滴定法	氧化还原滴定法	酸碱滴定法
滴定方法			
滴定方式			
优点			
缺点			

试样中氧化钙的真实含量，由教师用配位滴定法经多次测定后求出。通过比较配位滴定法、氧化还原滴定法和酸碱滴定法三种方法测定结果的准确度、精密度、操作方法和测定的速度等方面，说明方法的优缺点，进行总体评价。

七、思考题

1. 用 $(NH_4)_2C_2O_4$ 沉淀 Ca^{2+} 时，为什么要在酸性溶液中加 $(NH_4)_2C_2O_4$ 后再慢慢滴加氨水调节溶液至甲基橙变为黄色？

2. 洗涤 CaC_2O_4 沉淀时，为什么要先用稀 $(NH_4)_2C_2O_4$ 溶液洗，然后再用蒸馏水洗至无 Cl^-？

3. 滴定过程中，$KMnO_4$ 标准滴定溶液滴定能否直接滴到滤纸上？若滴到滤纸上将产生什么影响？

4. 用 $KMnO_4$ 标准滴定溶液滴定时，加热、加酸和控制滴定速度等操作的目的是什么？

5. 配位滴定法测定所用 EDTA 标准滴定溶液的浓度，你认为是在 pH＝12 的碱性溶液中用 Ca^{2+} 标定好，还是在 pH 为 5～6 的酸性溶液中用 Zn^{2+} 标定好？

6. 配位滴定法测定的试样中若含有少量 Fe^{3+}、Al^{3+}，对滴定终点会有什么影响？如何加以消除？

7. 氧化钙的水溶液呈碱性，为什么不采用酸标准滴定溶液直接滴定的方法？

相关知识链接

氧化钙为白色或淡黄色的不定形片状或粒状粉末，一般表面为白色粉末，不纯者为灰白色，含有杂质时呈灰色或淡黄色，具有吸湿性。易从空气中吸收二氧化碳及水分。溶于水生成氢氧化钙并产生大量热，溶于酸类、甘油和蔗糖溶液，几乎不溶于乙醇。分子式为 CaO，相对分子质量为 56.08，有腐蚀性。实验中用作二氧化碳吸收剂、助熔剂、植物油脱色剂。

▶▶ 实训 2　氯化钙的分析

一、实训目标

1. 掌握测定氯化钙中 $CaCl_2$ 及主要杂质成分的分析方法及原理；
2. 熟练掌握滴定分析及重量分析中的有关基本操作；
3. 复习巩固相关的理论知识，提高分析问题、解决问题的能力。

二、氯化钙的质量指标

氯化钙的质量指标见表 3-2。

表 3-2　氯化钙的质量指标

项　　　　目	指　　　　标			
	无水氯化钙		二水氯化钙	
	一等品	合格品	一等品	合格品
氯化钙($CaCl_2$)含量/%　　　　≥	95.0	90.0	70.0	68.0

续表

项　目	指标			
	无水氯化钙		二水氯化钙	
	一等品	合格品	一等品	合格品
镁及碱金属氯化物(以 NaCl 计)含量/% ≤	2.5	4.0	4.0	5.5
水不溶物含量/%	—	—	0.20	0.30
酸度	—	—	通过试验	
碱度[以 Ca(OH)$_2$ 计]/%	—	—	0.35	
硫酸盐(以 CaSO$_4$ 计)/%	—	—	0.20	0.30

三、分析内容

1. 氯化钙 （CaCl$_2$） 含量的测定

（1）实验原理　在试验溶液的 pH 约为 12 的条件下，以钙羧酸为指示剂，用 EDTA 标准溶液滴定钙。

（2）仪器与试剂

① 一般实验室仪器。

② 三乙醇胺溶液 （1+2）。

③ 氢氧化钠溶液 （100g/L）。

④ EDTA 标准溶液，c（EDTA） 约为 0.02mol/L。

⑤ 1%钙羧酸指示剂。配制：称取 1g 钙羧酸指示剂 （或钙羧酸钠），与 100g 氯化钠混合，研细，密闭保存。

（3）实验步骤

① 试验溶液 A 的制备。称取约 3.5g 无水氯化钙或约 5g 二水氯化钙试样，精确至 0.0002g，置于 250mL 烧杯中，加适量水溶解。全部转移至 500mL 容量瓶中，用水稀释至刻度，摇匀。此溶液为试验溶液 A，用于有关测定。

② 测定。用移液管移取 10.00mL 试验溶液 A，加水至约 50mL。加 5mL 三乙醇胺溶液，2mL 氢氧化钠溶液，约 0.1g 钙羧酸指示剂。用 EDTA 标准溶液滴定，溶液由红色变为蓝色即为终点。同时做空白试验。平行测定 3 次。

（4）数据处理　氯化钙质量分数按下式计算。

$$w(\text{CaCl}_2) = \frac{c(\text{EDTA})(V_1 - V_0)M(\text{CaCl}_2)}{m_{样} \times \dfrac{10}{500}} \times 100\%$$

式中　$w(\text{CaCl}_2)$ ——氯化钙的质量分数，%；

$\quad\quad c(\text{EDTA})$ ——EDTA 标准溶液的浓度，mol/L；

$\quad\quad V_1$ ——滴定试验溶液时消耗的 EDTA 标准溶液的体积，L；

$\quad\quad V_0$ ——空白试验中消耗的 EDTA 标准溶液的体积，L；

$\quad\quad M(\text{CaCl}_2)$ ——CaCl$_2$ 的摩尔质量，g/mol；

$m_{样}$——试样的质量，g。

2. 镁及碱金属氯化物（以 NaCl 计）含量的测定

（1）实验原理 以铬酸钾为指示剂，用硝酸银标准溶液滴定总氯量，减去氯化钙相当的氯量后折算成以氯化钠（NaCl）计的镁及碱金属氯化物含量。

（2）仪器与试剂

① 一般实验室仪器。

② 硝酸溶液（1+10）。

③ 碳酸氢钠溶液（100g/L）。

④ 硝酸银标准溶液[$c(AgNO_3)=0.1mol/L$]。

⑤ 铬酸钾指示剂（50g/L 溶液）。

（3）实验步骤 用移液管移取 10.00mL 试验溶液 A，置于 250mL 锥形瓶中，加 50mL 水，用硝酸溶液或碳酸氢钠溶液调节 pH 约 6.5～10（用 pH 试纸检验），加 0.7mL 铬酸钾指示液，用硝酸银标准溶液滴定，溶液由淡黄色变为微红色即为终点。平行测定 3 次。

（4）数据处理 以质量分数表示的镁及碱金属氯化物（以 NaCl 计）含量按下式计算。

$$w(NaCl) = \frac{c(AgNO_3)V \times 10^{-3}M(NaCl)}{m_{样} \times \frac{10}{500}} - 1.053w(CaCl_2)$$

式中 $w(NaCl)$——镁及碱金属氯化物（以 NaCl 计）的质量分数；

$c(AgNO_3)$——硝酸银标准溶液的浓度，mol/L；

V——滴定中消耗的硝酸银标准溶液的体积，mL；

$M(NaCl)$——NaCl 的摩尔质量，g/mol；

$w(CaCl_2)$——氯化钙的质量分数；

1.053——氯化钙（$CaCl_2$）换算成氯化钠（NaCl）的系数；

$m_{样}$——试样的质量，g。

3. 水不溶物的测定

（1）实验原理

试样溶于水，用玻璃坩埚抽滤，残渣经干燥称量，测定不溶物含量。

（2）仪器与试剂

① 烘箱，能调节玻璃坩埚底部达到 105～110℃。

② 玻璃坩埚，滤板孔径 5～15μm。

③ 硝酸银溶液（10g/L）。

（3）实验步骤 称取约 20g 试样，精确至 0.01g，置于 400mL 烧杯中。加 250mL 水溶解，放置 1h，用已于 105～110℃烘干至恒重的玻璃坩埚过滤。用水洗涤至无氯离子为止（用硝酸银溶液检验）。于 105～110℃烘干至恒重。

（4）数据处理 水不溶物含量按下式计算。

$$w(水不溶物) = \frac{m_1 - m_2}{m_{样}} \times 100\%$$

式中　w（水不溶物）——水不溶物的质量分数，%；

　　　　　　m_1——玻璃坩埚加水不溶物质量，g；

　　　　　　m_2——玻璃坩埚质量，g；

　　　　　　$m_样$——称取试样质量，g。

4．酸度的测定

（1）实验原理　将试样溶于水，以溴百里香酚蓝为指示剂检验溶液酸度是否符合要求。

（2）仪器与试剂

① 一般实验室仪器。

② 溴百里香酚蓝指示剂（1g/L 溶液）。

（3）实验步骤　称取 22.0g±0.1g 试样，置于 250mL 烧杯中，加 100mL 水溶解。加入 2～3 滴溴百里香酚蓝指示液，溶液应不呈黄色。

5．碱度的测定

（1）实验原理　将试样溶于水，加入已知量的过量盐酸标准溶液，煮沸赶掉二氧化碳。以溴百里香酚蓝为指示剂，用氢氧化钠标准溶液滴定。

（2）仪器与试剂

① 一般实验室仪器。

② 盐酸标准溶液，c(HCl) 约 0.1mol/L。

③ 氢氧化钠标准溶液，c(NaOH) 约 0.1mol/L。

④ 溴百里香酚蓝指示剂（1g/L 溶液）。

（3）实验步骤　称取约 20g 试样，精确至 0.01g，置于 400mL 烧杯中，加 100mL 水溶解。加 2～3 滴溴百里香酚蓝指示液，用滴定管加入盐酸标准溶液中和并过量约 5mL。煮沸 2min，冷却，再加 2 滴溴百里香酚蓝指示液。用氢氧化钠标准溶液滴定，溶液由黄色变为蓝色即为终点。

（4）数据处理　以质量分数表示的碱度[以 Ca(OH)₂ 计]按下式计算。

$$w[\text{Ca(OH)}_2] = \frac{(c_1 V_1 - c_2 V_2) M[\text{Ca(OH)}_2]}{m_样} \times 100\%$$

式中　$w[\text{Ca(OH)}_2]$——碱度的质量分数[以 Ca(OH)₂ 计]，%；

　　　　　c_1——盐酸标准溶液的物质的量浓度，mol/L；

　　　　　V_1——加入的盐酸标准溶液的体积，L；

　　　　　c_2——氢氧化钠标准溶液的物质的量浓度，mol/L；

　　　　　V_2——消耗的氢氧化钠标准溶液的体积，L；

　　　$M[\text{Ca(OH)}_2]$——Ca(OH)₂ 的摩尔质量，g/mol；

　　　　　$m_样$——试样的质量，g。

6．硫酸盐（以 CaSO₄ 计）的测定

（1）实验原理　用水溶解试样并过滤不溶物，加入氯化钡，沉淀滤液中的硫酸根离子，称量生成的硫酸钡。

（2）仪器与试剂

① 一般实验室仪器。

② 盐酸（GB 622）。

③ 氯化钡（$BaCl_2 \cdot 2H_2O$）溶液（122g/L）。

④ 硝酸银溶液（10g/L）。

（3）实验步骤　称取约 50g 试样，精确至 0.1g，置于 400mL 烧杯中，加 200mL 水溶解，加 2mL 盐酸，加热至沸，冷却，用中速滤纸过滤，用水洗涤 5 次，每次 10mL，滤液和洗涤液收集到 500mL 烧杯中，加热至沸，在不断搅拌下，缓缓加入 10mL 氯化钡溶液，继续沸腾 15min，冷却并放置 4h（或在沸水浴上保温 2h）。

室温下，用慢速定量滤纸过滤，用温水洗涤沉淀至无氯离子（用硝酸银溶液检验）。将沉淀连同滤纸转移至已于 800℃±20℃ 下恒重的瓷坩埚中，烘干，灰化，在 800℃±20℃ 灼烧至恒重。

（4）数据处理　以质量分数表示的硫酸盐含量（以 $CaSO_4$ 计）按下式计算。

$$w(CaSO_4) = \frac{(m_1 - m_2) \times 0.5833}{m_{样}} \times 100\%$$

式中　$w(CaSO_4)$——$CaSO_4$ 的质量分数，%；

m_1——瓷坩埚加硫酸钡质量，g；

m_2——瓷坩埚质量，g；

$m_{样}$——称取样品质量，g；

0.5833——硫酸钡换算为硫酸钙的系数。

四、注意事项

1. 本分析方法适用于无水氯化钙和二水氯化钙。

2. 三乙醇胺应在酸性条件下加入，碱性条件下使用。

3. 银量法测定镁及金属氯化物含量中，要注意控制指示剂的加入量。

五、思考题

1. 氯化钙含量测定中，为什么要加入三乙醇胺？

2. 银量法测定镁及金属氯化物含量中，为什么要调节 pH 为 6.5～10？

3. 溴百里香酚蓝的酸式色和碱式色分别是什么颜色？

相关知识链接

无水氯化钙为白色颗粒或熔融块状，有强吸湿性，易溶于水（放出大量热）和乙醇，低毒，半数致死量（大鼠，经口）1g/kg，是有机液体和气体的干燥剂和脱水剂。可用于测定钢铁含碳量和测定全血葡萄糖、血清无机磷、血清碱性磷酸酶的活力。二水氯化钙又称干燥氯化钙，白色吸湿性颗粒或块团。易溶于水和乙醇，水溶液呈中性或微碱性，有刺激性。常用作抗冻剂和灭火剂。六水氯化钙为白色易吸湿的三方结晶，200℃ 时失去全部结晶水。用作氧与硫吸收剂、食物保护剂、上浆剂、净水剂、防冻剂。

滴定分析基本常识

滴定分析又称容量分析，是化学分析的重要组成部分，是将已知准确浓度的试剂溶液，滴加到被测试样溶液中，与被测组分进行定量的化学反应，达到化学计量点时根据消耗试剂溶液的体积和浓度计算被测组分的含量的分析方法。

滴定分析一般适用于被测组分含量在1%以上的常量组分分析，有时也用于测定微量组分。滴定分析比较准确，测定的相对误差通常为1‰～2‰。与称量分析相比较，滴定分析具有简便、快速、应用范围广等优点。

滴定分析方式一般分为直接滴定法、返滴定法、置换滴定法和间接滴定法。

直接滴定法：用标准溶液直接进行滴定，利用指示剂或仪器测试指示化学计量点到达的滴定方式，称为直接滴定法。如 $NaOH$ 溶液滴 H_2SO_4；用 $KMnO_4$ 溶液滴定 Fe^{2+} 等。一般能满足滴定分析要求的反应，都可以用于直接滴定。如果反应不能完全符合滴定分析要求的反应条件，可以采用下述几种方式进行滴定。

返滴定法：在被测物质中先准确加入一定过量的标准溶液，反应完全后再用另一种标准溶液返滴剩余的第一种标准溶液，从而测定被测组分的含量。此法适用于反应速率较慢，需要加热才能反应完全的物质，或者直接法无法选择指示剂等类反应。例如：Al^{3+} 与 EDTA 反应速率慢，不能直接滴定，常采用返滴定法，即在一定的 pH 条件下，于被测的 Al^{3+} 试液中加入过量的 EDTA 溶液，加热至 $50\sim60℃$，促使反应完全。溶液冷却后加入二甲酚橙指示剂，用标准锌溶液返滴剩余的 EDTA 溶液，从而计算试样中铝的含量。

置换滴定法：将被测物和加入的适当过量的试剂反应，生成一定量的新物质，再用一标准溶液来滴定生成的物质，由滴定剂消耗量，反应生成的物质与被测组分的定量关系计算出被测组分的含量。此法适用于直接滴定法时有副反应的物质。例如，用 $K_2Cr_2O_7$ 标定 $Na_2S_2O_3$ 溶液时，不能采用直接滴定法，因为二者反应不仅生成 $S_2O_4^{2-}$，同时还有 SO_4^{2-} 生成，因此没有一定量的关系。但是，采用置换滴定法，即在酸性 $K_2Cr_2O_7$ 溶液中，加入过量的 KI 置换出一定量的 I_2，再用 $Na_2S_2O_3$ 标准溶液直接滴定生成的 I_2，则反应就能定量进行，反应为：

$$Cr_2O_7^{2-}+6I^-+14H^+\longrightarrow 2Cr^{3+}+3I_2+7H_2O$$

$$I_2+2S_2O_3^{2-}\longrightarrow 2I^-+S_4O_6^{2-}$$

间接滴定法：某些被测组分不能直接和滴定剂反应，但可通过其它的化学反应，间接测定其含量。例如：$KMnO_4$ 不能和 Ca^{2+} 直接作用，因为 Ca^{2+} 没有氧化还原的性质，但 Ca^{2+} 能和 $C_2O_4^{2-}$ 反应，形成 CaC_2O_4 沉淀，将沉淀过滤后用 H_2SO_4 使其溶解，再用 $KMnO_4$ 标准溶液滴定 $C_2O_4^{2-}$，从而间接测 Ca^{2+}，反应为：

$$Ca^{2+} + C_2O_4^{2-} \longrightarrow CaC_2O_4 \downarrow$$

$$CaC_2O_4 \downarrow + SO_4^{2-} \longrightarrow CaSO_4 + C_2O_4^{2-}$$

$$2MnO_4^- + 5C_2O_4^{2-} + 16H^+ \longrightarrow 2Mn^{2+} + 10CO_2 \uparrow + 8H_2O$$

由于返滴定法、置换滴定法、间接滴定法的应用，更加扩展了滴定分析的应用范围。

▶▶ 实训 3 　未知物的系统鉴定

一、实训目标

灵活运用已学过的鉴定方法，对未知物进行系统鉴定，以确定未知物是哪一种化合物。

二、实训步骤

1. 初步审察

观察试样的物理状态、颜色和气味。

2. 灼烧试验

观察试样的燃烧情况，灼烧后是否有残渣并试其残渣的酸碱性。

3. 物理常数测定

固体试样测定熔点，液体试样测定沸点或沸程，必要时可测折射率。

4. 元素定性分析

分析未知物中是否含有氮、硫、卤等元素。

5. 溶度试验

试验试样在水中的溶解性，水溶性试样，再进行乙醚溶度试验。

非水溶性试样再进行在 5%HCl、5%NaOH、5%NaHCO$_3$、浓 H$_2$SO$_4$ 中的溶度试验，找出未知物所在的组别。

6. 官能团检验

根据前面五项实验结果重点选择几个官能团的检验方法，对未知物可能具有的官能团进行分析检验，并推出未知物的类型。

7. 查阅资料

根据已取得的实验结果查阅有关书籍，找出符合下列四个条件的化合物或化合物类型：

① 熔点或沸点相差在 5℃左右；

② 所含元素相同；

③ 溶度试验结果相同；

④ 官能团鉴定结果相同。

如只得到化合物类型就应进行衍生物的制备，以最后确定未知物的结构。

8. 衍生物的制备

选择一合理的方法制备衍生物，并测定该衍生物的物理常数，与可能化合物的衍生物的物理常数比较，如果与某化合物的衍生物的物理常数一致，即可确定未知物为该化合物。

详细记录每一步骤取得的结果，并填入表 3-3 未知物系统鉴定实验报告中。

表 3-3　未知物系统鉴定实验报告

初步检验	物　态		颜　色		气　味	
灼烧试验	火焰情况		熔化、升华		残渣颜色及酸碱性	
物理常数测定	熔点/℃		沸点/℃		折射率 n_D^{20}	
元素定性	N	S		Cl	Br	I
溶度定性	H_2O	乙醚	5%HCl	5%NaOH	5%$NaHCO_3$	浓 H_2SO_4	组别
官能团检验	试验基团		试验项目		试验结果	

根据以上试验将可能的未知物列于表 3-4。

表 3-4　未知物推断

查阅资料	可能的化合物	熔点/℃	沸点/℃	适合制备的衍生物	熔点/℃	沸点/℃
衍生物的制备	所制衍生物名称、结构式及反应式					
				理论熔点/℃		测得熔点/℃
				理论沸点/℃		测得沸点/℃
结　论	未知物是：					

三、实训演练

对未知物 A 进行系统鉴定。

1. 初步试验

对未知物 A 进行初步审察。

物态:固体

形态:斜方晶

颜色:淡黄

气味:无

2. 灼烧试验

未知物 A 加热时熔化成黄色液体,并带有刺激性气味,烟雾可使 pH 试纸变红;试样直接点火时燃烧,火焰黄色,冒黑烟,强火灼烧无残渣。

3. 物理常数测定

对未知物 A 进行物理常数测定:

熔点,校正前 50.5～51.0℃;

校正后,51.5～52.0℃。

4. 元素定性分析

元素定性分析的现象与结论见表 3-5。

表 3-5　元素定性分析

检定元素	试验内容	现象	结论
氮	普鲁士蓝试验 乙酸铜-联苯胺试验	蓝色 蓝色	试样含氮
硫	硫化铅试验 亚硝酰铁氰化钠试验	无沉淀 淡黄色	不含硫
卤素	硝酸银试验 氯水试验	白色沉淀 无变化	含卤素 卤素为氯

5. 溶度试验

溶度试验结果填入表 3-6 中。

表 3-6　溶度试验

水	乙醚	5％NaOH	5％NaHCO₃	5％HCL	浓 H₂SO₄	结论
－		－		－		M

试样为 M 组,不含硫可能为硝基化合物、酰胺或腈类。

6. 官能团检验

官能团检验的相关信息见表 3-7。

表 3-7　官能团检验

试验基团	试验项目	试验结果
不饱和键	溴-四氯化碳试验 高锰酸钾试验	－ －

续表

试验基团	试验项目	试验结果
硝基	氢氧化亚铁试验 锌-乙酸试验	＋ ＋
腈、酰胺	羟肟酸试验	－
活泼卤素	硝酸银醇溶液试验	－
多硝基芳烃	氢氧化钠-丙酮试验	＋

注：试验结果"－"代表试样不含有试验基团结构，"＋"代表试样含有试验基团结构。

以上试验说明试样是多硝基化合物，卤素不活泼。

7. 查阅书籍

熔点在 52℃±5℃的多硝基化合物见表 3-8。

表 3-8 多硝基化合物熔点

化 合 物	熔 点/℃
2,4-二硝基氯苯	52
2,5-二硝基氯苯	54

初步确定未知物为 2，4-二硝基氯苯。

8. 制备衍生物

试样与 2mol/L 氢氧化钠溶液回流，产物为黄色晶体，熔点 113.5～114℃（校正）与 2，4-二硝基苯酚熔点 114℃相同。

最后确证未知物为 2，4-二硝基氯苯。

▶▶ 实训 4 　食用植物油脂品质检验

一、实训目标

1. 掌握鉴别食用植物油脂品质好坏的基本检验方法；
2. 巩固相关的理论知识和实践技能，提高综合评定样品质量的能力。

二、实训原理与相关知识

食用植物油脂品质的好坏可通过测定其酸价、碘价、过氧化值、油中非食用油鉴别等理化特性来判断。

1. 酸价

酸价（酸值）是指中和 1.0g 油脂所含游离脂肪酸所需氢氧化钾的毫克数。酸价是反映油脂质量的主要技术指标之一，同一种植物油酸价越高，说明其质量越差越不新鲜。测定酸价可以评定油脂品质的好坏和贮藏方法是否恰当。其原理：植物油中的游离脂肪酸用氢氧化钾标准溶液滴定，用每克植物油消耗氢氧化钾的毫克数表示油脂酸价。GB 2716—2005 食用植物油卫生标准中规定：食用植物油酸价应小于 3mg/g。

2. 碘价

测定碘价可以了解油脂脂肪酸的组成是否正常有无掺杂等。最常用的是氯化碘-乙酸溶液法（韦氏法）。其原理：在溶剂中溶解试样并加入韦氏碘液，氯化碘则与油脂中的不饱和脂肪酸起加成反应，游离的碘可用硫代硫酸钠溶液滴定，从而计算出被测样品所吸收的氯化碘（以碘计）的克数，求出碘价。常见油脂的碘价为：大豆油 $120\sim141$；棉子油 $99\sim113$；花生油 $84\sim100$；菜子油 $97\sim103$；芝麻油 $103\sim116$；葵花子油 $125\sim135$；茶子油 $80\sim90$；核桃油 $140\sim152$；棕榈油 $44\sim54$；可可脂 $35\sim40$；牛脂 $40\sim48$；猪油 $52\sim77$。碘价大的油脂，说明其组成中不饱和脂肪酸含量高或不饱和程度高。

3. 过氧化值

检测油脂中是否存在过氧化值，以及含量的大小，即可判断油脂是否新鲜和酸败的程度。常用滴定法，其原理：油脂氧化过程中产生过氧化物，与碘化钾作用，生成游离碘，以硫代硫酸钠溶液滴定，计算含量。GB 2716—2005 食用植物油卫生标准中规定：食用植物油过氧化值应小于 $0.25g/100g$。

三、仪器与试剂

1. 仪器

碘量瓶（250mL）、分析天平、分光光度计、10mL 具塞玻璃比色管、常用玻璃仪器。

2. 试剂

（1）酚酞指示剂（10g/L） 溶解 1g 酚酞于 90mL（95%）乙醇与 10mL 水中。

（2）氢氧化钾标准溶液 $[c(KOH)=0.05mol/L]$。

（3）碘化钾溶液（150g/L） 称取 15.0g 碘化钾，加水溶解至 100mL，贮于棕色瓶中。

（4）硫代硫酸钠标准溶液（0.1mol/L）。

（5）韦氏碘液试剂 分别在两个烧杯内称入三氯化碘 7.9g 和碘 8.9g，加入冰醋酸，稍微加热，使其溶解，冷却后将两溶液充分混合，然后加冰醋酸并定容至 1000mL。

（6）三氯甲烷、环己烷、冰乙酸、可溶性淀粉。

（7）饱和碘化钾溶液：称取 14g 碘化钾，加 10mL 水溶解，必要时微热使其溶解，冷却后贮于棕色瓶中。

以下为学生自配及标定试剂。

（8）氢氧化钾标准溶液（0.05mol/L）的标定。

（9）中性乙醚-乙醇（2+1）混合液 按乙醚-乙醇（2+1）混合，以酚酞为指示剂，用所配的 KOH 溶液中和至刚呈淡红色，且 30s 内不褪色为止。

（10）三氯甲烷-冰乙酸混合液的配制 量取 40mL 三氯甲烷，加 60mL 冰乙酸，混匀。

（11）淀粉指示剂（10g/L）配制 称取可溶性淀粉 0.50g，加少许水，调成糊状，倒入 50mL 沸水中调匀，煮沸至透明，冷却。

（12）硫代硫酸钠标准溶液（0.0020mol/L）配制 用 0.1mol/L 硫代硫酸钠标准溶液稀释。

四、实训步骤

1. 酸价测定（参照 GB/T 5009.37—2003）

（1）实训步骤　称取 $3.00\sim5.00g$ 混匀的试样，置于锥形瓶中，加入 $50mL$ 中性乙醚-乙醇混合液，振摇使油溶解，必要时可置于热水中，温热使其溶解。冷至室温，加入酚酞指示剂 $2\sim3$ 滴，以氢氧化钾标准滴定溶液滴定，至初现微红色，且 $0.5min$ 内不褪色为终点。

（2）数据处理

$$X=\frac{Vc\times56.11}{m}\times100\%$$

式中　X——试样的酸价（以氢氧化钾计），mg/g；

$\quad\quad V$——试样消耗氢氧化钾标准溶液体积，mL；

$\quad\quad c$——氢氧化钾标准溶液实际浓度，mol/L；

$\quad\quad m$——试样质量，g；

$\quad$ 56.11——与 $1.0mL$ 氢氧化钾标准溶液 $[c(KOH)=1.000mol/L]$ 相当的氢氧化钾毫克数。

2. 碘价测定（韦氏法）

（1）实训步骤　试样的量根据估计的碘价而异（碘价高，油样少；碘价低，油样多），一般在 $0.25g$ 左右。将称好的试样放入 $500mL$ 锥形瓶中，加入 $20mL$ 环己烷-冰乙酸等体积混合液，溶解试样，准确加入 $25.00mL$ 韦氏试剂，盖好塞子，摇匀后放于暗处 $30min$ 以上（碘价低于 150 的样品，应放 $1h$；碘价高于 150 的样品，应放 $2h$）。反应时间结束后，加入 $20mL$ 碘化钾溶液（$150g/L$）和 $150mL$ 水。用 $0.1mol/L$ 硫代硫酸钠滴定至浅黄色，加几滴淀粉指示剂继续滴定至剧烈摇动后蓝色刚好消失。同时做试剂空白实验。

（2）数据处理

$$X=\frac{(V_2-V_1)c\times0.1269}{m}\times100$$

式中　V_2——试样消耗的硫代硫酸钠标准溶液的体积，mL；

$\quad\quad V_1$——试剂空白消耗硫代硫酸钠的体积，mL；

$\quad\quad c$——硫代硫酸钠的实际浓度，mol/L；

$\quad\quad m$——试样的质量，g；

$\quad$ 0.1269——1/2 的毫摩尔质量，$g/mmol$。

3. 过氧化值的测定（参照 GB/T 5009.37—2003）

（1）实训步骤　称取 $2.00\sim3.00g$ 混匀（必要时过滤）的试样，置于 $250mL$ 碘瓶中，加 $30mL$ 三氯甲烷-冰乙酸混合液，使试样完全溶解。加入 $1.00mL$ 饱和碘化钾溶液，紧密塞好瓶盖，并轻轻摇匀 $0.5min$，然后再暗处放置 $3min$。取出加 $100mL$ 水，摇匀，立即用硫代硫酸钠标准滴定溶液（$0.0020mol/L$）滴定，至淡黄色时，加 $1mL$ 淀粉指示液，继续滴定至蓝色消失为终点，用相同量三氯甲烷-冰乙酸溶液、碘化钾溶液、水，按同一方法，做试剂空白试验。

（2）数据处理

试样的过氧化值按下式进行计算

$$X_1=\frac{(V_1-V_2)c\times0.1269}{m}\times100$$

$$X_2 = X_1 \times 78.8$$

式中　X_1——试样的过氧化值，g/100g；

　　　　X_2——试样的过氧化值，mmol/kg；

　　　　V_1——试样消耗硫代硫酸钠标准滴定溶液体积，mL；

　　　　V_2——试剂空白消耗硫代硫酸钠标准滴定溶液体积，mL；

　　　　c——硫代硫酸钠标准滴定溶液的浓度，mol/L；

　　　　m——试样质量，g；

　0.1269——于 1.00mL 硫代硫酸钠标准滴定溶液 $[c(Na_2S_2O_3) = 1.000mol/L]$ 相当的碘的质量，g；

　78.8——换算因子。

4. 油中非食用油的鉴别（参照 GB/T 5009.37—2003）

对常见的三类非食用油进行定性鉴别。

（1）桐油

① 三氯化锑-三氯甲烷界面法　取油 1mL 移入试管中，沿试管壁加 1mL 三氯化锑-三氯甲烷溶液（10g/L），使试管内溶液分成两层，然后在水浴中加热约 10min。如有桐油存在，则溶液两层分界面上出现紫红色至深咖啡色环。

② 亚硝酸法　适用于豆油、棉油等深色油中桐油的检出，但不适用于梓油或芝麻油中桐油的检出。取试样 5～10 滴于试管中，加 2mL 石油醚，使油溶解，有沉淀物时，过滤一次，然后加入结晶亚硝酸钠少许，并加入 1mL 硫酸（1＋1）摇匀，静置，如有桐油存在，油液混浊，并有絮状沉淀物，开始呈白色，放置后变黄色。

③ 硫酸法　取试样数滴，置白瓷板之上，加硫酸 1～2 滴，如有桐油存在，则出现深红色并且凝成固体，颜色渐加深，最后成炭黑色。

（2）矿物油　取 1mL 试样，置于锥形瓶中，加入 1mL 氢氧化钾溶液（600g/L）及 25mL 乙醇，接空气冷凝管回流皂化约 5min，皂化时应振摇使加热均匀。皂化后加 25mL 沸水，摇匀，如浑浊或有油状物析出，表示有不能皂化的矿物油存在。

（3）大麻油　取试样和对照大麻油 10μL，点样于硅胶 G 薄层板，此薄层板厚 0.25～0.3mm，105℃ 下活化 30min。油太黏稠则用 5 倍苯稀释，再进行点样，点样量稍多一点约 10～20μL。展开剂用苯，显色剂为牢固蓝盐 B 溶液（1.5g/L）（临用配制）。当斑点和对照颜色及比移值相当时表示有大麻油。胡麻油、芝麻油和牢固蓝盐 B 也呈红色，但在薄层板上比移值较小。

相关知识链接

植物油是从植物种子、果肉及其它部分提取所得的油脂，是由脂肪酸和甘油化合而成的天然高分子化合物，广泛分布于自然界中。过氧化值和酸价是食用植物油关键指标。食用植物油中的过氧化值增高，表明植物油的氧化程度增加，将导致油脂氧化劣质，产生大量人体有害的低分子醛酮物质，降低植物油的营养价值。酸价是食物植物油的一项重要卫生指标，食物植物油中酸价的增高，可导致油脂裂变，降低营养价值影响人体正常的消化功能，严重劣质的植物油将产生对人体有害物质。

附 录

附录一　常用酸碱溶液的密度和浓度

试剂名称	密度/(kg/m³)	含量/%	c/(mol/L)
盐酸	1.18～1.19	36～38	11.6～12.4
硝酸	1.39～1.40	65.0～68.0	14.4～15.2
硫酸	1.83～1.84	95～98	17.8～18.4
磷酸	1.69	85	14.6
高氯酸	1.68	70.0～72.0	11.7～12.0
冰醋酸	1.05	99.8(优级纯) 99.0(分析纯)	17.4
氢氟酸	1.13	40	22.5
氢溴酸	1.49	47.0	8.6
氨水	0.88～0.90	25.0～28.0	13.3～14.8

附录二　常用基准物质的干燥条件及应用

物质名称		干燥后组成	干燥条件/℃	标定对象
碳酸氢钠	$NaHCO_3$	Na_2CO_3	270～300	酸
碳酸钠	$Na_2CO_3 \cdot 10H_2O$	Na_2CO_3	270～300	酸
硼砂	$Na_2B_4O_7 \cdot 10H_2O$	$Na_2B_4O_7 \cdot 10H_2O$	放在含 NaCl 和蔗糖饱和 水溶液的干燥器中	酸
碳酸氢钾	$KHCO_3$	KCO_3	270～300	酸
草酸	$H_2C_2O_4 \cdot 2H_2O$	$H_2C_2O_4 \cdot 2H_2O$	室温空气干燥	碱或 $KMnO_4$
邻苯二甲酸氢钾	$KHC_8H_4O_4$	$KHC_8H_4O_4$	110～120	碱
重铬酸钾	$K_2Cr_2O_7$	$K_2Cr_2O_7$	140～150	还原剂

续表

物质名称		干燥后组成	干燥条件/℃	标定对象
溴酸钾	KBrO₃	KBrO₃	130	还原剂
碘酸钾	KIO₃	KIO₃	130	还原剂
铜	Cu	Cu	室温干燥器中保存	还原剂
三氧化二砷	As₂O₃	As₂O₃	室温干燥器中保存	氧化剂
草酸钠	Na₂C₂O₄	Na₂C₂O₄	130	氧化剂
碳酸钙	CaCO₃	CaCO₃	110	EDTA
锌	Zn	Zn	室温干燥器中保存	EDTA
氧化锌	ZnO	ZnO	900~1000	EDTA
氯化钾	KCl	KCl	500~600	AgNO₃
硝酸银	AgNO₃	AgNO₃	180~290	氯化物

附录三 常用缓冲溶液

pH	配制方法
0	1mol/L HCl 或 HNO₃
1	0.1mol/L HCl 或 HNO₃
2	0.01mol/L HCl 或 HNO₃
3.6	NaAc·3H₂O8g,溶于适量水中,加 6mol/L HAc 134mL,稀释至 500mL
4.0	NaAc·3H₂O20g,溶于适量水中,加 6mol/L HAc 134mL,稀释至 500mL
4.5	NaAc·3H₂O32g,溶于适量水中,加 6mol/L HAc 68mL,稀释至 500mL
5.0	NaAc·3H₂O50g,溶于适量水中,加 6mol/L HAc 34mL,稀释至 500mL
5.7	NaAc·3H₂O100g,溶于适量水中,加 6 mol/L HAc 13mL,稀释至 500mL
7.0	NH₄Ac77g,用水溶解后,稀释至 500mL
7.5	NH₄Cl60g,溶于适量水中,加 15mol/L NH₃·H₂O1.4mL,稀释至 500mL
8.0	NH₄Cl50g,溶于适量水中,加 15mol/L NH₃·H₂O3.5mL,稀释至 500mL
8.5	NH₄Cl40g,溶于适量水中,加 15mol/L NH₃·H₂O8.8mL,稀释至 500mL
9.0	NH₄Cl35g,溶于适量水中,加 15mol/L NH₃·H₂O24mL,稀释至 500mL
9.5	NH₄Cl30g,溶于适量水中,加 15mol/L NH₃·H₂O65mL,稀释至 500mL
10.0	NH₄Cl27g,溶于适量水中,加 15mol/L NH₃·H₂O175mL,稀释至 500mL
10.5	NH₄Cl9g,溶于适量水中,加 15mol/L NH₃·H₂O197mL,稀释至 500mL
11.0	NH₄Cl3g,溶于适量水中,加 15mol/L NH₃·H₂O207mL,稀释至 500mL
12.0	0.01mol/L NaOH 或 KOH
13.0	0.1mol/L NaOH 或 KOH

附录四　几种常用的酸碱指示剂

指示剂	变色范围 pH	颜色变化	pK_{HIn}	浓度配制
百里酚蓝(第一次变色)	1.2~2.8	红色~黄色	1.6	0.1%的20%乙醇溶液
甲基黄	2.9~4.0	红色~黄色	3.3	0.1%的90%乙醇溶液
甲基橙	3.1~4.4	红色~黄色	3.4	0.1%的水溶液
溴酚蓝	3.0~4.6	黄色~紫色	4.1	0.1%的20%乙醇溶液或其钠盐水溶液
溴甲酚绿	3.8~5.4	黄色~蓝色	4.9	0.1%的20%乙醇溶液或其钠盐水溶液
甲基红	4.4~6.2	红色~黄色	5.2	0.1%的60%乙醇溶液或其钠盐水溶液
溴百里酚蓝	6.2~7.6	黄色~蓝色	7.3	0.1%的20%乙醇溶液或其钠盐水溶液
中性红	6.8~8.0	红色~黄橙色	7.4	0.1%的60%乙醇溶液
苯酚红	6.7~8.4	黄色~红色	8.0	0.1%的60%乙醇溶液或其钠盐水溶液
酚酞	8.0~10.0	无色~红色	9.1	0.2%的90%乙醇溶液
百里酚蓝(第二次变色)	8.0~9.6	黄色~蓝色	8.9	0.1%的20%乙醇溶液
百里酚酞	9.4~10.6	无色~蓝色	10.0	0.1%的90%乙醇溶液

附录五　常用的混合指示剂

名称	变色点	颜色		配制方法	备注
		酸色	碱色		
甲基橙-靛蓝(二磺酸)	4.1	紫色	绿色	1份1g/L甲基橙溶液 1份2.5g/L靛蓝水溶液	
溴甲酚绿-甲基橙	4.3	黄色	蓝绿色	1份1g/L溴甲酚绿钠盐水溶液 1份0.2g/L甲基橙水溶液	pH=3.5 黄色 pH=4.0 黄绿色 pH=4.3 浅绿色
溴甲酚绿-甲基红	5.1	酒红色	绿色	3份1g/L溴甲酚绿的乙醇溶液 1份2g/L甲基红的乙醇溶液	
甲基红-亚甲基蓝	5.4	红紫色	绿色	2份1g/L甲基红的乙醇溶液 1份1g/L亚甲蓝的乙醇溶液	pH=5.2 红紫色 pH=5.4 暗蓝色 pH=5.6 绿色
溴甲酚绿-氯酚红	6.1	黄绿色	蓝紫色	1份1g/L溴甲酚绿钠盐水溶液 1份1g/L氯酚红钠盐水溶液	pH=5.8 蓝色 pH=6.2 蓝紫色
溴甲酚紫-溴百里酚蓝	6.7	黄色	蓝紫色	1份1g/L溴甲酚紫钠盐水溶液 1份1g/L溴百里酚蓝钠盐水溶液	
中性红-亚甲蓝	7.0	紫蓝色	绿色	1份1g/L中性红的乙醇溶液 1份1g/L亚甲蓝的乙醇溶液	pH=7.0 蓝紫色

续表

名称	变色点	颜色		配制方法	备注
		酸色	碱色		
溴百里酚蓝-酚红	7.5	黄色	紫色	1 份 1g/L 溴百里酚蓝钠盐水溶液 1 份 1g/L 酚红钠盐水溶液	pH＝7.2 暗绿色 pH＝7.4 淡紫色 pH＝7.6 深紫色
甲酚红-百里酚蓝	8.3	黄色	紫色	1 份 1g/L 甲酚红钠盐水溶液 3 份 1g/L 百里酚蓝钠盐水溶液	pH＝8.2 玫瑰色 pH＝8.4 紫色
百里酚蓝-酚酞	9.0	黄色	紫色	1 份 1g/L 百里酚蓝乙醇溶液 3 份 1g/L 酚酞乙醇溶液	
酚酞-百里酚酞	9.9	无色	紫色	1 份 1g/L 酚酞的乙醇溶液 1 份 1g/L 百里酚酞的乙醇溶液	pH＝9.6 玫瑰色 pH＝10 紫色

附录六　常见化合物的相对分子质量

化合物	相对分子质量	化合物	相对分子质量	化合物	相对分子质量
Ag_3AsO_4	462.52	$BaCl_2 \cdot 2H_2O$	244.27	$CH_3COONa \cdot 3H_2O$	136.08
$AgBr$	187.77	$BaCrO_4$	253.32	CH_3COONH_4	77.083
$AgCl$	143.32	BaO	153.33	CH_3COOH	60.05
$AgCN$	133.89	$Ba(OH)_2$	171.34	CO_2	44.01
$AgSCN$	165.95	$BaSO_4$	233.39	$CoCl_2$	129.84
Ag_2CrO_4	331.73	$BiCl_3$	315.34	$CoCl_2 \cdot 6H_2O$	237.93
AgI	234.77	$BiOCl$	260.43	$Co(NO_3)_2$	182.94
$AgNO_3$	169.87	CaO	56.08	$Co(NO_3)_2 \cdot 6H_2O$	291.03
$AlCl_3$	133.34	$CaCO_3$	100.09	CoS	90.99
$AlCl_3 \cdot 6H_2O$	241.43	CaC_2O_4	128.10	$CoSO_4$	154.99
$Al(NO_3)_3$	213.00	$CaCl_2$	110.99	$CoSO_4 \cdot 7H_2O$	281.10
$Al(NO_3)_3 \cdot 9H_2O$	375.13	$CaCl_2 \cdot 6H_2O$	219.08	$CO(NH_2)_2$	60.06
Al_2O_3	101.96	$Ca(NO_3)_2 \cdot 4H_2O$	236.15	$CrCl_3$	158.35
$Al(OH)_3$	78.00	$Ca(OH)_2$	74.09	$CrCl_3 \cdot 6H_2O$	266.45
$Al_2(SO_4)_3$	342.14	$Ca_3(PO_4)_2$	310.18	$Cr(NO_3)_3$	238.01
$Al_2(SO_4)_3 \cdot 18H_2O$	666.41	$CaSO_4$	136.14	Cr_2O_3	151.99
As_2O_3	197.84	$CdCO_3$	172.42	$CuCl$	98.999
As_2O_5	229.84	$CdCl_2$	183.82	$CuCl_2$	134.45
As_2S_3	246.02	CdS	144.47	$CuCl_2 \cdot 2H_2O$	170.48
$BaCO_3$	197.34	$Ce(SO_4)_2$	332.24	$CuSCN$	121.62
BaC_2O_4	225.35	$Ce(SO_4)_2 \cdot 4H_2O$	404.30	CuI	190.45
$BaCl_2$	208.24	CH_3COONa	82.034	$Cu(NO_3)_2$	187.56

续表

化合物	相对分子质量	化合物	相对分子质量	化合物	相对分子质量
$Cu(NO_3) \cdot 3H_2O$	241.60	HNO_2	47.013	KIO_3	214.00
CuO	79.545	H_2O	18.015	$KIO_3 \cdot HIO_3$	389.91
Cu_2O	143.09	H_2O_2	34.015	$KMnO_4$	158.03
CuS	95.61	H_3PO_4	97.995	$KNaC_4H_4O_6 \cdot 4H_2O$	282.22
$CuSO_4$	159.60	H_2S	34.08	KNO_3	101.10
$CuSO_4 \cdot 5H_2O$	249.68	H_2SO_3	82.07	KNO_2	85.104
$FeCl_2$	126.75	H_2SO_4	98.07	K_2O	94.196
$FeCl_2 \cdot 4H_2O$	198.81	$Hg(CN)_2$	252.63	KOH	56.106
$FeCl_3$	162.21	$HgCl_2$	271.50	$KSCN$	97.18
$FeCl_3 \cdot 6H_2O$	270.30	Hg_2Cl_2	472.09	K_2SO_4	172.25
$FeNH_4(SO_4)_2 \cdot 12H_2O$	482.18	HgI_2	454.40	$MgCO_3$	84.314
$Fe(NO_3)_3$	241.86	$Hg_2(NO_3)_2$	525.19	$MgCl_2$	95.211
$Fe(NO_3)_3 \cdot 9H_2O$	404.00	$Hg_2(NO_3)_2 \cdot 2H_2O$	561.22	$MgCl_2 \cdot 6H_2O$	203.30
FeO	71.846	$Hg(NO_3)_2$	324.60	MgC_2O_4	112.33
Fe_2O_3	159.69	HgO	216..59	$Mg(NO_3)_2 \cdot 6H_2O$	256.41
Fe_3O_4	231.54	HgS	232.65	$MgNH_4PO_4$	137.32
$Fe(OH)_3$	106.87	$HgSO_4$	296.65	MgO	40.304
FeS	87.91	Hg_2SO_4	497.24	$Mg(OH)_2$	58.32
Fe_2S_3	207.87	$KAl(SO_4)_2 \cdot 12H_2O$	474.38	$Mg_2P_2O_7$	222.55
$FeSO_4$	151.90	KBr	119.00	$MgSO_4 \cdot 7H_2O$	246.47
$FeSO_4 \cdot 7H_2O$	278.01	$KBrO_3$	167.00	$MnCO_3$	114.95
$Fe(NH_4)_2(SO_4)_2 \cdot 6H_2O$	392.125	KCl	74.551	$MnCl_2 \cdot 4H_2O$	197.91
H_3AsO_3	125.94	$KClO_3$	122.55	$Mn(NO_3)_2 \cdot 6H_2O$	287.04
H_3AsO_4	141.94	$KClO_4$	138.55	MnO	70.937
H_3BO_3	61.88	KCN	65.116	MnO_2	86.937
HBr	80.912	K_2CO_3	138.21	MnS	87.00
HCN	27.026	K_2CrO_4	194.19	$MnSO_4 \cdot 4H_2O$	223.06
$HCOOH$	46.026	$K_2Cr_2O_7$	294.18	Na_3AsO_3	191.89
H_2CO_3	62.025	$K_4Fe(CN)_6$	368.35	$Na_2B_4O_7$	201.22
$H_2C_2O_4$	90.035	$KFe(SO_4)_2 \cdot 12H_2O$	503.24	$Na_2B_4O_7 \cdot 10H_2O$	381.37
$H_2C_2O_4 \cdot 2H_2O$	126.07	$KHC_2O_4 \cdot H_2O$	146.14	$NaBiO_3$	279.97
HCl	36.461	$KHC_2O_4 \cdot H_2C_2O_4 \cdot 2H_2O$	254.19	$NaCN$	49.007
HF	20.006	$KHC_4H_4O_6$	188.18	$NaSCN$	81.07
HI	127.91	$KHC_8H_4O_4$	204.22	Na_2CO_3	105.99
HIO_3	175.91	$KHSO_4$	136.16	$Na_2CO_3 \cdot 10H_2O$	286.14
HNO_3	63.013	KI	166.00	$Na_2C_2O_4$	134.00

续表

化合物	相对分子质量	化合物	相对分子质量	化合物	相对分子质量
NaCl	58.443	$(NH_4)_2SO_4$	132.13	SiF_4	104.08
NaClO	74.442	NH_4VO_3	116.98	SiO_2	60.084
$NaHCO_3$	84.007	$NiCl_2 \cdot 6H_2O$	237.69	$SnCl_2$	189.60
$Na_2HPO_4 \cdot 12H_2O$	358.14	NiO	74.69	$SnCl_2 \cdot 2H_2O$	225.63
$Na_2H_2Y \cdot 2H_2O$	372.24	$Ni(NO_3)_2 \cdot 6H_2O$	290.79	$SnCl_4$	260.50
$NaNO_3$	84.995	NiS	90.75	$SnCl_4 \cdot 5H_2O$	350.58
Na_2O	61.979	$NiSO_4 \cdot 7H_2O$	280.85	SnO_2	150.69
Na_2O_2	77.978	NO	30.006	SnS_2	150.75
NaOH	39.997	NO_2	46.066	SO_3	80.06
Na_3PO_4	163.94	P_2O_5	141.94	SO_2	64.06
Na_2S	78.04	$PbCO_3$	267.20	$SrCO_3$	147.63
$Na_2S \cdot 9H_2O$	240.18	PbC_2O_4	295.22	SrC_2O_4	175.64
Na_2SO_3	126.04	$PbCl_2$	278.10	$SrCrO_4$	203.61
Na_2SO_4	142.04	$PbCrO_4$	323.20	$Sr(NO_3)_2$	211.63
$Na_2S_2O_3$	158.10	$Pb(CH_3COO)_2$	325.30	$Sr(NO_3)_2 \cdot 4H_2O$	283.69
$Na_2S_2O_3 \cdot 5H_2O$	248.17	$Pb(CH_3COO)_2 \cdot 3H_2O$	379.30	$SrSO_4$	183.69
NH_3	17.03	PbI_2	461.00	$UO_2(CH_3COO)_2 \cdot 2H_2O$	424.15
NH_4Cl	53.491	$Pb(NO_3)_2$	331.20	$ZnCO_3$	125.39
$(NH_4)_2CO_3$	96.086	PbO	223.20	ZnC_2O_4	153.40
$(NH_4)_2C_2O_4$	124.10	PbO_2	239.20	$ZnCl_2$	136.29
$(NH_4)_2C_2O_4 \cdot H_2O$	142.11	$Pb_3(PO_4)_2$	811.54	$Zn(CH_3COO)_2$	183.47
NH_4SCN	76.12	PbS	239.30	$Zn(CH_3COO)_2 \cdot 2H_2O$	219.50
NH_4HCO_3	79.055	$PbSO_4$	303.30	$Zn(NO_3)_2$	189.39
$(NH_4)_2MoO_4$	196.01	$SbCl_3$	228.11	$Zn(NO_3)_2 \cdot 6H_2O$	297.48
NH_4NO_3	80.043	$SbCl_5$	299.02	ZnO	81.38
$(NH_4)_2HPO_4$	132.06	Sb_2O_3	291.50	ZnS	97.44
$(NH_4)_2S$	68.14	Sb_2S_3	339.68	$ZnSO_4 \cdot 7H_2O$	287.54

附录七　气压计读数的校正值

纬度	气压计读数/hPa							
	925	950	975	1000	1025	1050	1075	1100
10	1.51	1.55	1.59	1.63	1.67	1.71	1.75	1.79
11	1.66	1.70	1.75	1.79	1.84	1.88	1.93	1.97

纬度	气压计读数/hPa							
	925	950	975	1000	1025	1050	1075	1100
12	1.81	1.86	1.90	1.95	2.00	2.05	2.10	2.15
13	1.96	2.01	2.06	2.12	2.17	2.22	2.28	2.33
14	2.11	2.16	2.22	2.28	2.34	2.39	2.45	2.51
15	2.26	2.32	2.38	2.44	2.50	2.56	2.63	2.69
16	2.41	2.47	2.54	2.60	2.67	2.73	2.80	2.87
17	2.56	2.63	2.70	2.77	2.83	2.90	2.97	3.04
18	2.71	2.78	2.85	2.93	3.00	3.07	3.15	3.22
19	2.86	2.93	3.01	3.09	3.17	3.25	3.32	3.40
20	3.01	3.09	3.17	3.25	3.33	3.42	3.50	3.58
21	3.16	3.24	3.33	3.41	3.50	3.59	3.67	3.76
22	3.31	3.40	3.49	3.58	3.67	3.76	3.85	3.94
23	3.46	3.55	3.65	3.74	3.83	3.93	4.02	4.12
24	3.61	3.71	3.81	3.90	4.00	4.10	4.20	4.29
25	3.76	3.86	3.96	4.06	4.17	4.27	4.37	4.47
26	3.91	4.01	4.12	4.23	4.33	4.44	4.55	4.66
27	4.06	4.17	4.28	4.39	4.50	4.61	4.72	4.83
28	4.21	4.32	4.44	4.55	4.66	4.78	4.89	5.01
29	4.36	4.47	4.59	4.71	4.83	4.95	5.07	5.19
30	4.51	4.63	4.75	4.87	5.00	5.12	5.24	5.37
31	4.66	4.79	4.91	5.04	5.16	5.29	5.41	5.54
32	4.81	4.94	5.07	5.20	5.33	5.46	5.59	5.72
33	4.96	5.09	5.23	5.36	5.49	5.63	5.76	5.90
34	5.11	5.25	5.38	5.52	5.66	5.80	5.94	6.07
35	5.26	5.40	5.54	5.68	5.82	5.97	6.11	6.25

附录八　重力校正值

纬度	气压计读数/hPa							
	925	950	975	1000	1025	1050	1075	1100
0	−2.48	−2.55	−2.62	−2.69	−2.76	−2.83	−2.90	−2.97
5	−2.44	−2.51	−2.57	−2.64	−2.71	−2.77	−2.84	−2.91
10	−2.35	−2.41	−2.47	−2.53	−2.59	−2.65	−2.71	−2.77
15	−2.16	−2.22	−2.28	−2.34	−2.39	−2.45	−2.51	−2.57
20	−1.92	−1.97	−2.02	−2.07	−2.12	−2.17	−2.23	−2.28
25	−1.61	−1.66	−1.70	−1.75	−1.79	−1.84	−1.89	−1.94
30	−1.27	−1.30	−1.33	−1.37	−1.40	−1.44	−1.48	−1.52
35	−0.89	−0.91	−0.93	−0.95	−0.97	−0.99	−1.02	−1.05
40	−0.48	−0.49	−0.50	−0.51	−0.52	−0.53	−0.54	−0.55
45	−0.05	−0.05	−0.05	−0.05	−0.05	−0.05	−0.05	−0.05
50	+0.37	+0.39	+0.40	+0.41	+0.43	+0.44	+0.45	+0.46
55	+0.79	+0.81	+0.83	+0.86	+0.88	+0.91	+0.93	+0.95
60	+1.17	+1.20	+1.24	+1.27	+1.30	+1.33	+1.36	+1.39
65	+1.52	+1.56	+1.60	+1.65	+1.69	+1.73	+1.77	+1.81
70	+1.83	+1.87	+1.92	+1.97	+2.02	+2.07	+2.12	+2.17

附录九　沸程温度随气压变化的校正值

标准中规定的沸程温度/℃	气压相差 1hPa 的校正值/℃	标准中规定的沸程温度/℃	气压相差 1hPa 的校正值/℃
10～30	0.026	210～230	0.044
30～50	0.029	230～250	0.047
50～70	0.030	250～270	0.048
70～90	0.032	270～290	0.050
90～110	0.034	290～310	0.052
110～130	0.035	310～330	0.053
130～150	0.038	330～350	0.056
150～170	0.039	350～370	0.057
170～190	0.041	370～390	0.059
190～210	0.043	390～410	0.061

参 考 文 献

［1］ 胡伟光，张文英．定量化学分析实验．第 3 版．北京：化学工业出版社，2015.

［2］ 陈艾霞．分析化学实验与实训．北京：化学工业出版社，2008.

［3］ 朱永泰．化学实验技术基础（Ⅰ）．北京：化学工业出版社，1998.

［4］ 张振宇．化学实验技术基础（Ⅲ）．北京：化学工业出版社，1998.

［5］ 姜淑敏．化学实验基本操作技术．北京：化学工业出版社，2008.

［6］ 袁书玉，李兆陇．现代化学实验基础．北京：清华大学出版社，2006.

［7］ 凌昌都．化学检验工（中级）．北京：机械工业出版社，2006.

［8］ 邢文卫，李炜．分析化学实验．第 2 版．北京：化学工业出版社，2007.

［9］ 李楚芝．分析化学实验．第 3 版．北京：化学工业出版社，2012.

［10］ 彭崇慧．分析化学定量化学分析简明教程．第 3 版．北京：北京大学出版社，2009.

［11］ 谢惠波．有机分析实验．第 2 版．北京：化学工业出版社，2007.

［12］ 蔡自由，钟国清．基础化学实训教程．北京：科学出版社，2009.

［13］ 伍百奇．化学分析实训．北京：高等教育出版社，2006.

［14］ 李东凤．食品分析综合实训．北京：化学工业出版社，2008.

［15］ 刘珍．化验员读本．第 4 版．北京：化学工业出版社，2006.

［16］ GB 2716—2005．食用植物油卫生标准．

［17］ GB/T 5009.37—2003．食用植物油卫生标准的分析方法．

［18］ 朱嘉云．有机分析．第 2 版．北京：化学工业出版社，2004.

［19］ 高职高专化学教材编写组．无机化学．第 2 版．北京：高等教育出版社，1999.